教養としての
ビジュアル切手百科事典

世界の名品で見る95のキーワード

魚木 五夫

切手の博物館

教養としての
ビジュアル切手
百科事典

世界の名品で見る
95のキーワード

目次

はじめに……………………………………………4

第❶章 発行目的別の切手

❶ 普通切手……………………………………6
❷ 記念切手……………………………………7
❸ 付加金付き切手……………………………8
❹ 航空切手……………………………………9
❺ 航空速達切手………………………………10
❻ 気送管郵便用切手…………………………11
❼ 速達切手……………………………………12
❽ 本人渡し扱用切手…………………………13
❾ 公認配達事業用切手………………………14
❿ 書留切手……………………………………15
⓫ 到着証用切手………………………………16
⓬ 締切後受付用切手…………………………17
⓭ 不足料切手…………………………………18
⓮ 軍用切手……………………………………19
⓯ 戦時税切手…………………………………20
⓰ 公用切手……………………………………21
⓱ 新聞切手……………………………………22
⓲ 少額送金用切手……………………………23
⓳ 小包切手……………………………………24
⓴ 郵便税切手…………………………………25
㉑ 電信切手……………………………………26

第❷章 世界の郵趣用語

㉒ 浮き出し加工………………………………28
㉓ エチケット…………………………………29
㉔ 書留番号票…………………………………30
㉕ カタパルト郵便……………………………31
㉖ 活版印刷……………………………………32
㉗ 切手帳ペーン………………………………33
㉘ 検閲ラベル（テープ）……………………34
㉙ 地紋印刷……………………………………35
㉚ 収入印紙……………………………………36
㉛ 田型ブロック………………………………37
㉜ ターンド・カバー…………………………38
㉝ 着色紙………………………………………39
㉞ 着色ルレット………………………………40
㉟ 中央逆刷……………………………………41
㊱ テート・ベッシュ…………………………42
㊲ 日曜不配達票………………………………43
㊳ パイオニア・フライト……………………44
㊴ 版番号（プレート・ナンバー）…………45
㊵ プリキャンセル……………………………46
㊶ 民間管理記号入り…………………………47
㊷ 無目打………………………………………48
㊸ 銘版…………………………………………49
㊹ 目打…………………………………………50
㊺ ルレット……………………………………51
㊻ 連刷（ス・トゥナン）……………………52

第❸章 郵便ステーショナリー

㊼ 普通はがき…………………………………54
㊽ 往復はがき…………………………………56
㊾ 外信はがき…………………………………58
㊿ 外信用往復はがき…………………………60
51 気送管用はがき……………………………62
52 記念はがき…………………………………64
53 無印面官製はがき…………………………66
54 各国UPUはがきの日本到着例……………68
55 絵入りはがき………………………………70

第4章 クラシックの名品&トピック切手

- ⑤⑥ ペンス・ブルー ……………………… 72
- ⑤⑦ ブラジル「牛の目切手」 ……………… 73
- ⑤⑧ プロビデンスの局長臨時切手 ……… 74
- ⑤⑨ 世界最初の8角印面切手 …………… 75
- ⑥⓪ 米国最初の10セント切手 …………… 76
- ⑥① 「シドニー・ビューズ」 ………………… 77
- ⑥② 世界最初の菱形切手 ………………… 78
- ⑥③ 「ブルー・フランクリン」 ……………… 79
- ⑥④ 世界最初の三角切手 ………………… 80
- ⑥⑤ ハワイ王国「カメハメハ3世切手」 …… 81
- ⑥⑥ タスマニアの4ペンス切手 …………… 82
- ⑥⑦ 世界最小の切手 ……………………… 83
- ⑥⑧ ナタール「エンボス切手」 …………… 84
- ⑥⑨ ニューカレドニアの一番切手 ………… 85
- ⑦⓪ サーペンタイン・ルレット …………… 86
- ⑦① 南部連合最初の切手 ………………… 87
- ⑦② 「ウッドブロック」4ペンス切手 ……… 88
- ⑦③ コロンビアの超小型切手 ……………… 89
- ⑦④ 世界最大の大型新聞切手 …………… 90
- ⑦⑤ 英領ギアナ「活版暫定切手」 ………… 91
- ⑦⑥ 世界最初の速達切手 ………………… 92
- ⑦⑦ ウガンダ「タイプライター切手」 ……… 93
- ⑦⑧ 米国「嵐の中の牛」 …………………… 94
- ⑦⑨ 世界最初のクリスマス切手 …………… 95
- ⑧⓪ クレタ島の一番切手 ………………… 96
- ⑧① マフェキングの青写真切手 …………… 97
- ⑧② ドイツ帝国「5マルク切手」 …………… 98

第5章 航空切手の名品

- ⑧③ イタリア「世界最初の航空切手」 ……… 100
- ⑧④ イタリア「世界2番目の航空切手」 …… 101
- ⑧⑤ 米国「24セント・ジェニー航空切手」 … 102
- ⑧⑥ コロンビア「第2次航空切手」 ………… 103
- ⑧⑦ 中国「最初の航空切手」 ……………… 104
- ⑧⑧ ギリシャ「最初の航空切手」 …………… 105
- ⑧⑨ 日本「芦ノ湖航空切手」 ……………… 106
- ⑨⓪ 米国「ツェッペリン航空切手」 ………… 107
- ⑨① フランス「記念穿孔航空切手」 ……… 108
- ⑨② ソビエト連邦「アメリカ飛行記念加刷航空切手」 ……… 109
- ⑨③ 英領ニューギニア「超高額の航空切手」 … 110
- ⑨④ フランス「紙幣航空切手」 …………… 111
- ⑨⑤ ソビエト連邦「航空博覧会記念切手」 …… 112

巻末資料 主な郵趣用語 ……………… 114

はじめに

◆世界の郵趣と日本
　切手収集の趣味(郵趣)は、1860年代に欧米諸国で始まっていますから、既に160年以上の歴史を持っています。かつては「王侯貴族の趣味」と言われ、英国王や米国の大統領もこの趣味を楽しんでいます。日本ではこれよりはるかに遅れ、1900年代以降になってから徐々に普及していきました。
　第2次世界大戦後に、日本でも広く普及するようになりましたが、これには故水原明窓氏による日本郵趣協会の活動が大きな影響を与えています。

◆半世紀を費やしたプロジェクト
　水原氏は早くから、この趣味の知識性に注目し、多くの出版物を通じて、その普及に努めてきました。水原氏は1993年に69才で亡くなりましたが、最後まで思い残していたのが「郵趣百科事典」の出版でした。臨終間際まで私に「『百科事典』はぜひ実現して下さい」と言っていた言葉が、今でも私の脳裏に焼き付いています。

◆ビジュアルな「百科事典」へ
　私が百科事典の最初の原稿に着手したのは、今から60年以上も前のこととなります。当時は文章が中心で、図版を豊富に入れてカラー印刷するなど困難でした。しかし、年月を経るに従い、出版物を取り巻く事情も変化し、遂に図版を中心としたビジュアルな出版物へと変貌をとげることになりました。
　多くの収集家が楽しんでいるアルバムリーフを中心にして、これに説明を加えるという方法がこの百科事典の大きな特色となっています。このような方法は、世界の郵趣文献にも余り例の無かったもので、それだけに切手の魅力を高めるものになっていると信じています。
　図版で紹介した切手やはがきなどは、原則としてすべて私の収集品で、これだけの材料を揃えるためには長い年月と多くの手間が費やされています。特に手間がかかったのは、「郵便ステーショナリー」の章で、これは日本だけでなく、海外の文献でも余り取り上げていない分野です。

◆視野を広げて楽しみを増やそう
　この百科事典では、こうした郵便ステーショナリーを含め、著者のアルバムを直接読者に提示し、色々な収集対象の楽しみ方を味わってもらえるよう工夫しました。これに刺激されて、こうした収集を始める人が1人でも増えることを願っています。

◆新進気鋭の支援者に恵まれる
　今回の百科事典完成には、板橋祐己さんの協力が大きな決め手となっています。世界の切手について広く知識と経験を持ち、外国の文献を読みこなしている人は現在では余りいなくなっています。その中で板橋さんは、私がこれまでに面識を得た収集家の中でも、とりわけ豊富な知識と経験を持ち、郵趣の普及活動にも積極的に貢献している方です。
　この百科事典についても、私が94才で、かつ「要介護3」というハンデキャップを持ちながら何とか完成にまでたどり着けたのは、板橋さんのおかげだと思っています。今後もしこの百科事典の改訂を行う機会があれば、ぜひ彼にバトンタッチしたいと考えています。
　なお、末筆になりますが、この百科事典の完成には(株)日本郵趣出版の三森編集長をはじめ、スタッフの皆様方に大変お世話になりました。この方々のご協力なしには、本書は到底実現しなかったと思います。あらためて感謝の意を表す次第です。

魚木五夫

第1章
発行目的別の切手

世界各国では、これまでに多くの目的別の切手を発行してきました。

これらは、日本切手とは異なり、本来の目的以外には使用できないのが一般的です。

例えば航空切手は、航空郵便料金の前納に限って使うことができ、それ以外の目的に使うと無効として扱われます。

このように、発行目的を限定した切手は、その切手が貼ってあることにより、一見してその郵便物の性質が理解されるという利点もありました。

ここには、こうした発行目的別の切手を、その目的別に整理して紹介します。

この分類は原則「スコット・カタログ」によるもので、基本的にグループ記号の順に紹介しています。

なお、こうした分類はカタログによって、多少異なっていることもあります。

第①章 発行目的別の切手

DEFINITIVE

普通切手

特に目的を限定せず、原則としてどんな料金の前納にも使用できます。1840年のイギリス本国切手以来、全世界の国が発行しています。普通切手は、郵便局の窓口で、いつでも購入できるのが原則であり、額面も広範囲に及びます。

英国(1840)

フィンランド(1950)　フランス(1927)　オーストラリア(1914)　日本(1913)　スイス(1948)

ルクセンブルク(1946)

発行目的別に見たときの万能切手とも言えます。発行国によっては、普通切手だけを発行した例も少なくありません。その意味では、収集家に最もなじみのある存在と言えるでしょう。

従って、多くの普通切手には、「普通切手」という表示はありません。単純に「切手」と言ったときは、普通切手のことを言っていると考えてください。臨時切手(provisional stamp)や記念切手(commemorative stamp)に対する言葉として、普通切手(definitive stamp)という用語が存在します。

COMMEMORATIVE

記念切手

使用目的からすれば、普通切手と同様、原則としてどんな料金の前納にも使用できるので、欧米のカタログでは普通切手と一緒にリストしています。1871年のペルー切手が、この最初のものとされ、世界の大多数の国に見られます。

米国(1893)
「世界コロンブス博覧会」

日本(1927)
「UPU加盟50周年」

英国(1935)
「ジョージ5世在位25年」

ソビエト連邦(1938)
「モスクワ地下鉄第2期完成」

香港(1946)「平和記念」

南アフリカ(1969)
「オリンピック大会」

フランス(1930)「国際植民地博覧会」

記念切手は、19世紀の間に、明らかに収集家を狙ったものが発行されるようになりました。これは急速に全世界に流行し、20世紀に入ると、多くの国が発行するようになりました。

このことは、郵趣の普及にも大きく影響を及ぼしたと言えます。収集家は、こぞって記念切手を求め、発行者側も収集家に喜ばれるような企画を、次々と打ち出すようになりました。そして現在では、郵便物の上でも、日常的に記念切手を見かけます。

SEMI-POSTAL (B)

付加金付き切手

慈善目的とか、その他の特別の寄付金を募集する目的で発行され、郵便料金として利用できる額面と、寄付金との合計額で発売されるのが普通です。世界では、1897年の英領ニューサウスウェールズ切手が、その最初のものです。

日本(1937)

ニューサウスウェールズ(1897)

ベルギー(1939)

スイス(1949)

　スコット・カタログでは、番号の前にBの記号を付けています。多くの例では、(額面)＋(付加金)という様な形で、販売価格が示されています。しかし、中には額面だけを示し、販売価格はそれより遥かに高く、差額が寄付金となっているものもあります。上に示したニューサウスウェールズの切手などは、郵便に使える額は2½ペンスなのに、切手はその12倍で販売されたという例です。印刷も、当時としては珍しい、金色を含む平版3色刷の豪華なものです。

AIR POST (C)

航空切手

航空郵便料金の前納用に発行された切手です。1917年にイタリアが発行した加刷切手が、世界最初のものです。また、飛行機を図案にした、正刷切手としては、この翌年に米国が発行しています。全世界の多くの国が発行しました。

日本(1950)

トルコ(1954)

ソビエト連邦(1934)

パナマ運河地帯(1939)

米国(1941)

スコット・カタログでは、番号の前にCの記号を付けています。多くの国では、航空切手は航空郵便料金の前納に限定されていて、これを他の料金支払いには使えなくなっています。これは航空切手が、航空郵便物分類の目印にされている事にもよります。

航空切手の図案には、飛行機、飛行船、鳥などが圧倒的に多く使われています。実際の飛行機をリアルに描いたものに、人気があるのは言うまでもありません。

AIR POST SPECIAL DELIVERY (CE)

航空速達切手

航空郵便では、空輸区間については速く運ばれますが、地表の区間では時間がかかります。そこで、地表については速達扱いとして、全逓送区間での時間短縮を図るために発行された切手です。約20か国にこの種の切手があります。

イタリア(1932)

米国(1936)

カナダ(1942)

カナダ(1946)

スペイン(1930)

航空料金と速達料金の両方を同時に支払えるように考えられた切手です。なお、リーフの説明で「地表」と書いたのは、「surface mail」の意味ですが、なぜか日本の郵政は「平面路」と誤訳しています。「表面」と「平面」は、幾何学的にも全く異なるもので、早急に訂正してほしいものです。この切手の使用例は意外に少なく、カバーを見つけたら、ぜひ入手しておかれるよう、おすすめします。今のところ、収集家も気付いてないようですが。

PNEUMATIC POST (D)

気送管郵便用切手

　大都市内での郵便物の高速逓送手段として、19世紀末から20世紀にかけ、気送管が使用されました。この気送管利用の料金用として、イタリアでは1913年に、専用の切手を発行しました。

イタリア(1913)

イタリア(1933)

イタリア(1928)

イタリア(1958)

　日本では「エア・シューター」と呼ばれる、装置を使って送られる郵便物への専用切手です。この装置は、日本の郵政でも使われていましたが、ごく限られた地域の使用だったため、余り知られていません。また、この装置を使っていた他の国でも、専用の切手を発行したのは、イタリアだけにとどまりました。他の利用国では、切手ではなく、専用のはがきや封筒などを発行しています。このため、郵便史の収集家には興味ある分野として、注目されています。

SPECIAL DELIVERY (E)

速達切手

速達料金の前納用に発行されました。1885年に米国が、世界最初の速達切手を発行しています。速達という目的を明示するために、図案にはしばしば早さを意味するものや、速達の具体的配達手段を描いたものが使われています。

エジプト(1929)

ソビエト連邦(1932)

メキシコ(1923)

スペイン領モロッコ(1952)

スペイン(1939)

米国(1895)

　米国が速達郵便制度を実施したとき、これを「特別配達(スペシアル・デリバリー)」と呼んだため、米国ではこの表現が用いられました。しかし、多くの国々では、「速達(エクスプレス・デリバリー)」と呼んでいます。

　速達とは言っても、国によっては取集めの段階から工夫している例もありますが、多くは配達だけの高速化を意味しています。図案に描かれている配達手段もまた、時代を反映しているので、その面でも興味深い切手です。

PERSONAL DELIVERY (EX)

本人渡し扱用切手

郵便物を名宛人に直接手渡しする、サービス用料金のために発行された切手です。1937年のチェコスロバキア発行が世界最初ですが、第2次世界大戦のため、短命に終わりました。差出側と受取側での区別を、刷色で行っています。

ボヘミア・モラビア(1939)

チェコスロバキア(1937)

これは少し変わった例です。スコット・カタログでは、番号の前にEXの記号を付けています。青色の切手は、予め配達局に届けている人に宛てた郵便物に、局で貼付し、名宛人に直接手渡しするための切手です。また上の赤色の切手は、差出人が郵便物に貼っておくと、その郵便物を配達の際、名宛人に直接手渡しするというものです。従って、ごく稀には外国から母国宛のカバーに、これが使用されることもあり、日本からの事例もあります。

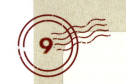

第❶章 発行目的別の切手

AUTHORIZED DELIVERY (EY)

公認配達事業用切手

イタリアでは、特別に許可された業者が、郵便物を有料で配達できる制度がありました。この事業のために発行された切手で、1928年にイタリア本国で発行されたのが最初の例です。その後、イタリアの植民地でも発行されました。

イタリア(1928)　　イタリア(1948)　　イタリア(1952)

イタリア(1930)

　世界の多くの国では、郵便は国や国が認めた組織による、独占事業となっています。これは、利用者にとって好都合なこともありますが、小回りのきかない不便な面もあります。
　イタリアの場合は、このような状況を考えて、郵政が直接実行できない部分を、民間の郵便業者が分担するという制度がありました。こうした目的のために業者分担費用を支払う、特別の切手が発行されたわけです。この事例を示すカバーは貴重です。

REGISTRATION (F)

書留切手

書留料金の前納用の切手です。世界では、1854年に英領ビクトリアが発行したものが最初です。その後、現在までに十数か国が、この種の切手を発行しました。書留切手の中には、切手が書留番号票を兼ねている例も存在しています。

カナダ(1906)　　コロンビア(1883)　　パナマ(1904)

米国(1911)

書留切手の発行事例が少ないのは、書留郵便物が一般に窓口差出しとなることにもよります。そして引受局側でも番号の記入など、特別の作業が必要です。書留料金の前納以外にも配慮が必要でした。書留切手はそのまま番号票として使われた事例が多く、使用済では一見ペン消しのように見えます。カバーであれば、そうした事情もよく分かりますが、書留郵便物のカバーそのものが、それほど市場に流出しないのも、こうした郵便物の性格ではないかと思われます。

ACKNOWLEDGMENT OF RECEIPT (H)

到着証用切手

郵便物が確実に名宛人に到着したことを、文章で確認するために、到着証という文書を差出人に返すサービスがあります。このための手数料支払い用として発行された切手です。1893年に中米コロンビアで発行したのが最初です。

コロンビア(1902)

モンテネグロ(1902)

モンテネグロ(1913)

モンテネグロ(1907)

パナマ(1904)

パナマ(1916)

エルサルバドル(1897)

到着証のサービスは、UPU(万国郵便連合)も認めていて、それを示す"AR"の文字(= Acknowledgement of Receipt)が、印面に入っているのが普通です。多くの郵便利用者は、郵便物の無事到着を気にしています。カバー上では、"AR"の文字入りゴム印などで済ませている国が多く、このような特別の切手を発行した国は、僅か5ヵ国になります。しかもこれらの国でも、発行していたのは19世紀から20世紀前半にとどまり、収集家にもなじみの少ない切手です。

LATE FEE (I)

締切後受付用切手

　汽船で運ばれる郵便物などでは、その出港時刻よりかなり前に、郵便局での引受けが締切られます。その後でも埠頭などでは、出港直前までの郵便引受けを行うことがあり、このための追加料金支払い用として発行された切手です。

パナマ(1904)

パナマ(1917)

コロンビア(1914)

ボリバー,コロンビア(1903)

アンティオキア,コロンビア(1899)

デンマーク(1923)

デンマーク(1934)

ウルグアイ(1936)

　海外向け郵便物が、もっぱら船で運ばれていた時代には、出港地の新聞紙上に、船の出航予定が記事として載せられていました。郵便の利用者は、それを見て郵便物を出港地の郵便局に差出していました。この場合、船の出航に間に合うように、郵便局での締切時間は早めに設定されていました。その時間を過ぎてから差出す郵便物は、まだ間に合うようであれば、郵便局から埠頭まで特別の手段で運んでいたので、これに便乗する郵便物は追加の料金が必要でした。

POSTAGE DUE (J)

不足料切手

単に不足料金だけでなく、配達の際に受取人から徴収する料金の証明として発行され、原則として郵便局員が使用する切手です。1859年のフランスのものが、世界最初の例とされています。実用本位の、数字だけの図案が主流です。

バイエルン(1870)

ブルガリア(1933)

バルバドス(1934)

英国(1938)

フランス(1947)

米国(1895)

デンマーク(1921)

イタリア(1955)

フランス(1859)

スコット・カタログでは、番号の前にJの記号を付けています。日本では発行されたことが無いため、その目的も誤解されやすくなっています。不足料切手は、郵便局員が郵便物に直接貼り付けるための、料金請求用のものです。

上に示したフランスの不足料切手貼りのカバーは、前島 密が渋沢栄一から見せられたと云われる有名なエピソードのものと似た使用例です。これを見て、前島は竜切手を作るヒントにしたと伝えられています。

MILITARY (M)

軍用切手

軍隊から差出す郵便物に貼るための切手です。世界最初のものは、1898年のトルコのギリシャ占領軍が発行した切手です。戦時中には、軍事郵便はたいてい無料扱いとなるので、軍用切手の発行国は少なく、約20か国となっています。

エジプト(1934)　　　トルコ(1898)　　　フィンランド(1941)

フランス(1912)

軍隊に所属する人々(軍人、兵士、その他の要員)にとって、親族や知人などとの交信は、色々な制限を受けるのが普通です。そのため、軍隊内部からの発信郵便物は、特別な組織で取扱われています。こうした場合の郵便料金を前納するために、発行されたのが軍用切手です。多くは、軍事行動中の軍隊から差出される郵便に使われるので、使用期間や地域が制限されています。従って、一般に発行数も少なく、使用例も余り多くありません。

WAR TAX（MR）

戦時税切手

戦争は国家にとって、大きな財政的負担となります。これを補填するため、郵便物に課税した例は過去に多く見られますが、この税金を徴収するために発行された切手です。全世界では約40か国が、この種の切手を発行しました。

スペイン(1874)

カナダ(1916)

バルバドス(1917)

英領ホンジュラス(1918)

ジブラルタル(1918)

ジャマイカ(1916)

ニュージーランド(1915)

バハマ諸島(1919)

ドミニカ(1918)

セントヘレナ(1919)

ポルトガル領インド(1919)

　戦時税切手の中でも、最も多くの種類が発行されたのは、第1次世界大戦当時の英連邦諸国からのものです。これは、膨大な戦費の捻出に苦しんだ英国が、その解決策の一つとして、考案したものです。従って、当時は英連邦を構成していた、ほぼすべての国や領土から、ほぼ同時に発行されています。ただ、その発行形態は個々の地域の実情に応じているため、正刷や加刷など変化があります。収集家として見ると、これだけでもテーマとしたい例です。

OFFICIAL (O)

公用切手

政府官庁や公的機関からの郵便物に使用するための切手です。英本国では、1840年に公用切手を作りましたが、実際には使用されませんでした。1854年のスペイン切手は実用された最初のものです。全世界で百数十か国にあります。

デンマーク(1915)

ルクセンブルク(1922)

トルコ(1948)

ノルウェー(1933)

アルゼンチン(1935)

スウェーデン(1882)

スイス(1938)

スコット・カタログでは、番号の前にOの記号を付けています。日本では一般的な意味での公用切手は発行されたことがありません。官公庁用の切手であるため、その職員が業務に関係のある郵便物にのみ、使用することができます。

公用切手は郵便局の窓口で、一般の人は購入できないのが原則です。しかしながら、多くの国では郵趣家のために、郵趣窓口などで限定して販売していますので、未使用切手でも収集が可能です。

NEWSPAPER (P)

新聞切手

新聞の郵送料金は、多くの国で特別の低料金となっていたため、この前納用に発行された切手です。1851年にオーストリアで発行されたのが、世界最初とされています。これまでに全世界では、約40か国が新聞切手を発行しました。

デンマーク(1907)

オーストリア(1908)

ボスニア・ヘルツェゴビナ(1913)

ハンガリー(1914)

フューメ(1919)

ポルトガル領ベルデ岬諸島(1893)

ドイツ(1939)

ベルギー(1929)

チェコスロバキア(1945)

新聞は郵便物の中でも、大型で重量も大きい例が多く、これの輸送には各国郵政が特別の配慮をしてきました。輸送用の切手も、特別の低額料金となっていますが、サイズや形にも工夫が見られます。収集家として困るのは、新聞切手の実逓使用例で、サイズが大きいばかりでなく、輸送中に破れたり、汚れたりすることも多く、入手には苦労させられます。それだけに、この実逓使用例は使用済評価とは無関係に、高く評価されているものもあります。

POSTAL NOTE STAMP (PN)

小額送金用切手

郵便為替では、一般に高額の送金を対象としています。これに対して、小額の送金の便宜を考えて発行された切手です。カナダや米国にはこうした事例があり、独特の台紙に貼って使われ、郵送された相手は、局で換金できました。

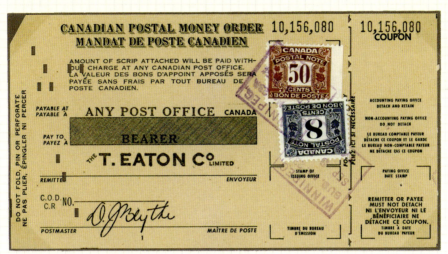

カナダ(1943)

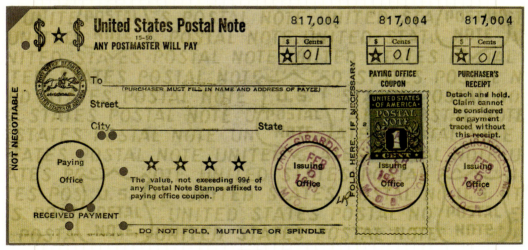

米国(1945)

専門カタログには登場する切手です。スコット・カタログでは、番号の前にPNの記号を付けています。特に使用例は、情報処理用のパンチカードが使われていて、局内での機械処理を思わせます。カナダはIBM型(80欄)、米国はレミントン型(90欄)のパンチカードをそれぞれ使用しているのが、使用例の大きな特徴となっています。このようなパンチカードは、日本国内でも過去には大量に使われ、首都高速道路の通行券にも使われました。

PARCEL POST (Q)

小包切手

小包料金は、書状などとは別の体系になっていることが多く、この前納用に発行された切手です。1879年にベルギーが発行したのが、世界最初とされています。これまでに、全世界では約40か国が、この種の切手を発行しています。

ベルギー(1953)

米国(1913)

グリーンランド(1918)

ハイチ(1960)

エルサルバドル(1895)

仏領チュニジア(1906)

バチカン(1931)

イタリア(1914)

デンマーク(1942)

　小包は郵便物の中でも特に大きく、重いことなどから、その輸送を鉄道事業に委託している例が多く存在します。ベルギーの例などでも、切手は鉄道への支払い用という形になっています。従って、多くの小包切手の図案には、鉄道に関係した題材が使われています。また、小包の性格上、切手をその上に直接貼ることは少なく、荷札や送り状（小包送票）などに貼って使われることが多数を占めています。きれいな使用済が少ないので閉口させられます。

POSTAL TAX (RA)

郵便税切手

国によっては、ある一定の期間に限り、郵便料金に付加金を加えることを義務づけた例があります。この場合、その付加金額に相当する、額面の切手が発行されました。約50か国にその例があり、1911年のポルトガルが最初です。

イラン(1950)

ポルトガル(1925)

ユーゴスラビア(1957)

コロンビア(1950)

エクアドル(1951)

ルーマニア(1947)

ブラジル(1933)

スペイン(1939)

レバノン(1959)

文献によっては、これを「強制付加金切手」と呼んでいることもあります。つまり、付加金だけを納めさせる目的の切手だからという訳です。一方「付加金付き切手」では、「郵便料金＋付加金」という額面になっています。この違いがあるために誤解されやすいのですが、利用者から見ると、普通の郵便料金とは別になっている方が、使い易いという利点もあります。多くの場合、この切手の使用期間が限られているのも、特徴の一つと言えます。日本には前例がありません。

TELEGRAPH（T）

電信切手

多くの国では、郵便と電信とは同一の国営事業として扱われてきました。このため、電信料金だけの前納用に、切手を発行していた国があります。また、民営の電信事業でも、料金前納の証示用に切手を発行していた例もあります。

ニカラグア

日本

仏領スーダン

スイス

フランス

米国

ルクセンブルク

スペイン

　世界的に見ると、電信事業は郵便と共に、国営となっている例が多いと言えます。そのため、郵便切手で電信料金（電話や電報料金など）が支払われていました。日本なども、その例の一つです。こうした場合でも、電信用だけの切手を発行した例もあります。また、民営の電話事業でも、電信料金用の切手を発行した例があります。過去には、郵便切手のカタログでも、電信切手がリストされていたことがあります。現在では、文献も少なくなりました。

第2章 世界の郵趣用語

世界には数多くの切手発行国がありますが、同様に、多くの郵趣用語も使われています。郵趣用語の多くは、一般の言語とは違った意味に使われていたりして、日常使われている辞書では、その意味を見つけることが困難なものもあります。日本で知られている郵趣用語は、日本切手などにその事例のあるものが主体です。そして外国切手にしか例の無いものは、ほとんど知られていません。また、カタログや文献に解説されていても、実物を見ることが無い場合には誤解されることもあります。

郵趣用語を実例で紹介するコレクションの中から、ポピュラーな用語や特殊な用語など、幾つかを選んで紹介します。筆者はこれまで40年にわたって試みてきましたが、まだ進化中という状況です。

なお、用語は五十音順で紹介しています。

EMBOSSING

浮き出し加工

一対の雄型と雌型を使って、用紙に突起した模様を加工したもの。切手ではしばしば、凸版印刷の実用版に組合わせて、印刷と同時に加工ができる方式が利用されてきました。印面付きの官製封筒などでも、よく利用されています。

イタリア(1862)

バイエルン(1901)

南アフリカ(新共和国)(1887)

インド(ボパール)(1890)

ザクセン(1863)

ドイツ(1872)

　浮き出し加工（エンボス加工）は、凸版と凹版を用いて圧力をかけ、特定の部分を立体的に浮き出させる技術です。古くから印紙や証券類で用いられ、切手にも採用されました。その目的は装飾性の向上と偽造防止にあり、クラシック切手では特に目を引く要素です。

　しかし、摩耗や損傷を受けやすく、ほこりが付きやすい性質から、状態が良いものは稀少です。こうした切手は高い収集価値を持ち、保管時には適切なケアが求められます。

ETIQUETTE

エチケット

日本の郵政では、「航空票符」と呼んでいます。航空郵便の取扱い指定を示すラベルで、郵政、航空会社、一般の民間発行など、種々のものがあります。1918年ごろから使われ始め、世界各国に普及し、収集家によるカタログもあります。

日本

オランダ

ギリシャ

イタリア

米国

米国

ドイツ

仏領マダガスカル

ルーマニア　　エチオピア

エチケットは、一般に郵便局の窓口などで、無料で入手できました。また航空郵便路線は、多くが民間航空会社に委託されているので、会社でも利用者サービスとして、エチケットを用意していました。欧米諸国では、早くからエチケットに対する人気が高まり、この専門収集家も増えました。そのため、エチケットの専門カタログなども発行されています。上の日本のものは、戦前に大日本航空が発行したもので、切手帳形式のものもあります。

REGISTRATION LABEL

書留番号票

書留郵便物を郵便局で取扱う際、管理目的で個々の郵便物に付けた番号を表示したラベルです。世界的にほとんどの国では、横長型のものが使われました。国際郵便物ではUPU（万国郵便連合）により、「R」の文字を示すことになっています。

オーストリア

英国

ドイツ

イラン（ペルシャ）、書留番号票はドイツ（鉄道郵便用）

　書留番号票は、書留郵便に使用されるラベルで、逓送記録を効率化する目的があります。UPU（万国郵便連合）で規格化された「R」の記号と番号が記載され、発信局名や追加情報が含まれる場合があります。多くは、発信局で貼付されますが、外国郵便の交換局、国内の集配局や中継局で新たに貼付されることがあり、郵便料金や逓送ルートの解析をする上で重要な意味を持ちます。また、20世紀後半のものは郵便機械化と密接な関係を持つ場合もあります。

CATAPULT MAIL

カタパルト郵便

飛行機の航続距離が短かった時代に、大西洋を航海する客船の船上から、陸地へ向けて飛行機を飛ばし、郵便の到着時間を短縮する試みが行われました。「カタパルト」はこの目的で、船上に設置された、射出機のことです。

フランス(1928)

カタパルト郵便は、船上のカタパルトという装置から発艦する水上飛行機に搭載した郵便物です。北大西洋の無着陸飛行が実現する以前の1920年末から1930年代中頃にかけて運用されました。船が港に到着する前に郵便物を先行して届け、配達時間を短縮しました。特にドイツの豪華客船ブレーメン号やオイローパ号で行われた例が有名で、郵便史や航空技術の進化を象徴する事例です。カタパルトという言葉はギリシア語に由来し、物体を投射する装置を意味します。

TYPESET

活版印刷

活字組版を実用版として利用した、凸版印刷の例です。小規模の印刷所でも製造できるため、小さな発行国とか、少量の需要しか見込めない切手を、応急的に製造する場合に利用されました。ニセ物が作られやすい欠点がありました。

リトアニア(1919)

英領マルタ島(1925)

ザンジバル(1931)

活版印刷（レタープレス）は、切手印刷の中で主要な方法ではなく、応急的な印刷や不足料切手などで採用されます。例えば、リトアニアの1918年一番切手は独立直後の混乱期に民間で急造されたもので、簡素なデザインと粗末な紙質が特徴です。また、マルタで1925年4月に発行された不足料切手は、3ヵ月後に新しいデザインに置き換えられました。一方、ザンジバルでは10年ほど活版の不足料切手が使用され、一部に誤植が見られるものも存在します。

BOOKLET PANE

切手帳ペーン

切手帳に綴込まれている、切手のページのこと。ペーンの周辺に目打を残したままのもの（ハンドメイド）、機械で裁ち落としになっているもの（マシーンメイド）があり、サイズも切手1枚のものから、数十枚のものまであります。

カナダ(1943)

モーリタニア(1913)

パナマ運河地帯(1933)

　切手帳は切手シートを小分けにしたペーンをまとめて小冊子形式にしたもので、気軽に携帯できるメリットがあります。その起源は、1870年代アメリカの電信会社による電信切手帳まで遡ります。1895年にルクセンブルクで発行されたものが、世界初の切手帳とされます。ペーンは一部が無目打となった切手が含まれることが一般的で、その場合は単片でも区別できます。また、標語や広告などが入ったタブが付属しているものもあり、単なる実用品以上の意義を持ちます。

CENSOR TAPE

検閲ラベル（テープ）

戦争などの際に、郵便を利用した諜報活動などを防止する目的で、検閲が行われる場合があります。検閲で開封された封筒を、再び閉じる目的で使用される紙片です。1899年のボーア戦争で、初めて使用されたと言われています。

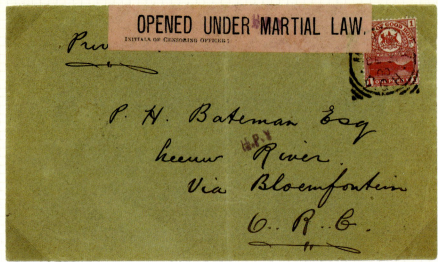

英領喜望峰(1900)

満州(1945)

いわゆるカバーに見られる用語です。この検閲ラベルは、一般に封筒上に見られるものですが、開封した時の切り口にまたがって貼られるために、全体の姿を確認しにくい難点があります。上に示したカバーは、ボーア戦争での事例です。また、下のカバーは太平洋戦争末期に、「満州国」で外国人の郵便物に主として使われた例です。なおこのカバーには、第5次普通切手の1円が貼られており、現在5通しか確認されていない珍品です。

BURELAGE

地紋印刷

印面の印刷をする前の用紙に、あらかじめ細かい網目や、連続模様などの印刷を施したものです。これは、切手の製造にそれだけ手間をかけることになり、ニセ物を防止する効果があることから、多くの国で採用されたことがあります。

英領ホンジュラス(1913)

アルサス・ロレーヌ(1870)

リトアニア(1937)

セルビア(1941)

エストニア(1935)

ダンチヒ(1922)

地紋印刷とは、切手の背景に模様やパターンを施したもので、偽造防止と装飾性の向上を目的としています。この技術は切手の権威性を高め、肖像や文字といった切手図案の重要な要素を際立たせる効果を持ちます。20世紀には印刷技術の進歩で、凸版印刷でより細かな線や複雑な地紋が可能となり、偽造防止の精度がさらに高まりました。こうした地紋は、一般的な複製技術では模倣が極めて困難であり、実用性と美術性の両面で切手の価値を高めています。

REVENUE

収入印紙

法律に基づく税金や手数料の納付証として、発行されるものです。切手とは違いますが、多くは郵便局で発売され、また切手と共用した国もあることや、製造方法や印刷所が切手と同じことも多く、郵趣の対象となってきました。

英国

フランス

米国

トルコ

カナダ

収入印紙は、税金や手数料の支払いを証明するための証紙で、郵便切手よりも古い歴史を持ちます。汎用的な収入印紙のほか、タバコ税や狩猟税切手などの特定用途に特化したものも数多く発行されました。イギリスなどでは、郵便切手兼用の収入印紙が広く使われてきました。

印紙の多くは、郵便切手と同じ高度な印刷技術で製造され、郵趣の一分野にもなっています。しかし現在では電子化とともに利用頻度が下がり、すでに収入印紙を廃止した国もあります。

BLOCK OF FOUR

田型ブロック

4枚の切手が、「田」の字形につながったものを、「田型（たがた）」または「田型ブロック」と呼びます。漢字になじみの無い欧米諸国では、このような便利な文字がないので、一般に「4枚ブロック」に相当した、言葉が使われています。

イタリア(1932)

英国(1948)

スイス(1949)

　田型（Block of Four）は、切手が縦横2列ずつ4枚つながった形状を指し、未使用品ではその視覚的な美しさから人気があります。一方、消印付きの田型は、消印の種類や情報を観察するのに適しています。また、切手の製造面を探る手がかりとしても有用で、目打の形式や印面間隔などの詳細を把握する助けとなり、単片の4倍をはるかに超える市場評価を受けることがあります。田型は、切手の美術的価値と研究的意義を兼ね備えた魅力的な収集形態なのです。

TURNED COVER

ターンド・カバー

　南北戦争当時、工業生産が貧弱だった南部連合では、紙資源が極端に枯渇し封筒や便箋などにも困りました。そこで、受け取った封筒を裏返して、再利用することも行われました。この例では、封筒の内側に貼られた切手（ジェファソン・デービス像の10セント切手）を示すため、あえて一部を切り開いています。

⬇内側の切手

南部連合（1862）

　ターンド・カバーは、すでに郵送された封筒を裏返して、再度郵便に利用したものを指します。日本語の郵趣用語としての定訳はありませんが、この名称が一般的に用いられています。

　このカバーには、異なる郵便利用の痕跡が表裏に記録されており、大量消費社会が始まる以前の人々の生活の工夫や、戦時中の物資不足を物語る貴重な資料です。単なる再利用品ではなく、当時の社会や経済背景を示す郵便史の一端として、収集家にとって高い価値を持ちます。

COLORED PAPER

着色紙

多くの切手は、白色の用紙に印刷されていますが、着色した用紙に印面を印刷したものもあります。製紙工程であらかじめ着色された色紙と、印刷工程で表面だけに全面ベタの色印刷を施したもの（表面着色紙）との、2種類があります。

スイス(1924)

ローデシア(1897)　英領シエラレオーネ(1912)　バミューダ(1942)

ドイツ(1920-1922)

ザンジバル(1931)　　フィンランド(1941)

　着色紙は、装飾性の向上や偽造防止などの目的に使用された特殊な用紙です。ドイツの公用切手やフィンランドの軍事切手では、通常の切手との区別を容易にするため着色紙が採用されました。紙自体に色を付ける方法が一般的ですが、スイス切手のように表面に特定の色や模様を印刷して着色効果を持たせた例も見られ、切手の裏面を観察すると容易に識別できます。一方、用紙の原料によって自然にクリーム色などになるものは、着色紙とは区別されます。

ROULETTED IN COLOR

着色ルレット

ルレット加工の中で、凸版印刷の切手だけに使われる、特異な方式です。印面のクラッチ版1個ずつを入れる、実用版の枡形の枠を利用し、印刷と同時に用紙に切れ目が加工されます。この部分にも印刷インキが付くのが特徴です。

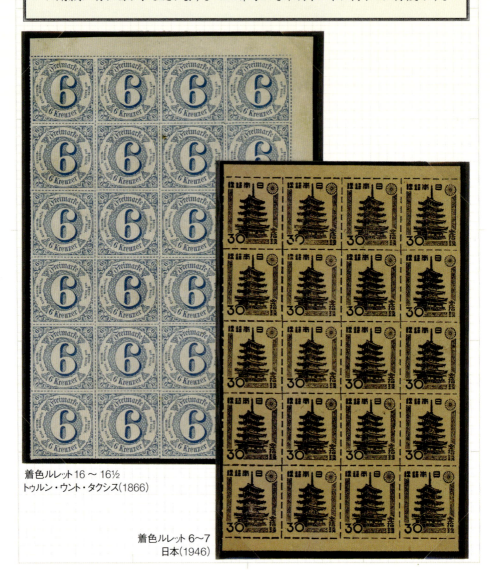

着色ルレット 16〜16½
トゥルン・ウント・タクシス(1866)

着色ルレット 6〜7
日本(1946)

第2章 世界の郵趣用語

日本の秀川堂30銭切手が出現した時、日本の郵趣家は、初めて見る変わったルレットに驚き、郵趣知識の貧弱さもあって、「押抜目打」などといった、奇妙な呼び名まで登場しました。

外国切手についての知識があれば、19世紀の切手では、珍しくないことに気付いたはずです。日本郵趣協会では、早くから「着色ルレット」という用語を採用してきました。『さくら』や『日専』などのカタログでも、当初から使用してきたことにご注目ください。

INVERTED CENTER

中央逆刷

主として2色刷りの凹版切手で、中央部の印刷が、周囲の枠部分に対して、逆向きに刷られたエラーのことです。印刷の順序では、中央部が最初に刷られ、枠部分が次に刷られるのが普通ですが、習慣上このように呼ばれています。

パナマ運河地帯(1912)

　中央逆刷は、切手の中央デザインが上下逆さまに印刷されるエラーを指します。このエラーは、フレームと中央の図案を別工程で印刷するのが一般的だった20世紀前半までの時代に多く発生しました。その偶然性と視覚的インパクトから高い注目を集め、収集家の憧れの対象となっています。最も有名な例は、1918年に発行されたアメリカの「宙返りジェニー」でしょう。一方で、精巧な偽物やリプリントも多く出回っており、入手時は慎重な判断が求められます。

第2章 世界の郵趣用語

TÊTE-BÊCHE

テート・ベッシュ

シートの中で2枚の切手が、互いに逆向きに刷られているもののことを指すフランス語です。19世紀には印刷のエラーでこうしたものが見られましたが、20世紀には切手帳製造の必要や、郵趣的な意図で作られたものが増えました。

フランス(1862)

ベルギー(1932)

バイエルン(1911)

日本(1972)

　テート・ベッシュは、初期のものについては、印刷上の事情で発生した例が幾つか知られています。20世紀以降は、切手帳ペーン製版上の都合から、テート・ベッシュを含むシートも多く出現しました。こうした特殊なシートは、未裁断のまま収集家向きに発売されました。上のベルギーやバイエルンの例などは、このようなシートから生じたものです。最近では、収集家目当てに発行されるテート・ベッシュも多く、日本でも1972年に初めて発行されました。

DOMINICAL LABEL

日曜不配達票

1893年から1913年までに発行された、ベルギー切手に見られるタブの例です。このタブを付けたまま、切手を貼り差出した郵便物は、日曜日には名宛人に配達されないことを、承知していると見なされるようになっていました。

ベルギー

　（1896）　　　　　（1896）

（1894）　（1894）　（1905）　（1907）　（1905）

（1912）　（1912）

　ベルギーでは、日曜配達を希望しない郵便物に対応するため、タブ付き切手や特別なステーショナリーが発行されました。切手の場合、日曜不配達を希望する際はタブを付けたまま使用し、希望しない場合はタブを切り取って貼付しました。

　一方、ステーショナリーは「日曜不配達」の表示部分を抹消することで日曜配達が可能となりました。ベルギーの言語的多様性を反映し、タブにはフランス語とフラマン語の2言語が記載されています。

PIONEER FLIGHTS

パイオニア・フライト

まだ飛行機が実験的に作られていた1911年、早くも郵便物を飛行機で運ぶ試みが、欧米諸国で始まっています。この年の9月に、英国と米国とで、それぞれ行われた試験飛行で、実逓された最初期の航空郵便物です。

英国(1911)

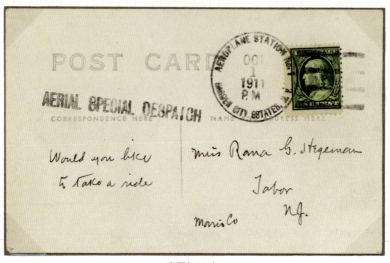

米国(1911)

　パイオニアフライトは、実験的または記念的に行われた最初期の航空郵便を指します。1911年2月18日、インドではアラハバードからナイニ間で世界初の航空郵便が行われました。同年9月9日、イギリスではジョージ5世の戴冠を記念して、ヘンドンからウィンザーまで航空郵便が運行されました。アメリカでは同年9月23日、ナッソー・ブルバード飛行場からミネオラまでのものが知られます。こうした初期の試みがのちの定期航空郵便の発展に道を開いたのです。

PLATE NUMBER

版番号（プレート・ナンバー）

印刷に使われた実用版を、管理する目的で付けられた番号です。しばしばシートの耳紙上に、番号として印刷されていて、収集の対象となっています。また、初期の英国切手などでは、印面の中に版番号を入れているものもあります。

201版　　205版
英国(1864)

ドミニカ(1919)

米国(1938)

キプロス(1938)

米国(1918)

　版番号は、切手シートの耳紙部分などに印刷された数字や記号で、使用された実用版を識別するために付けられたものです。これは切手製造の過程を物語る貴重な収集対象であり、印刷技術や版の使用状況を探る手がかりとなります。

　特にアメリカでは膨大な数の実用版が使用され、版番号を通じた調査が長年進められてきました。版番号を持つ耳紙付きの切手ブロック（プレートブロック）は強い人気があり、専門コレクションに華を添える重要なアイテムです。

PRECANCEL

プリキャンセル

大量の郵便物に貼った切手に、一々消印する手間を省くための方法です。未使用シートの切手に、郵政側で消印に相当する加刷を行い、許可を得た特定の使用者に限り発売しました。これを貼った郵便物には、消印は省略されます。

カナダ(1922)　　米国(1927)

フランス(1926)　アルジェリア(1938)　モナコ(1943)　チュニス(1945)

ベルギー(1938)　オランダ(1917)　ルクセンブルク(1909)

ハンガリー(1903)

　プリキャンセルは、大量の郵便物を効率的に処理するため、事前に消印に代わるオーバープリントを施した切手を指します。主に企業や公的機関が使用し、郵便局での消印作業を省略して業務の効率化を図る目的がありました。

　特にアメリカでは1887年に公式に認可され、1903年には形式が標準化されました。フランスでは1920年から本格的に導入され、モナコ、ベルギー、ハンガリー、ルクセンブルク、国連、一部のフランス植民地などでも広く採用されました。

PRIVATE CONTROL

民間管理記号入り

切手を大量に利用するオフィスなどで、未使用切手が私用に使われるのを防ぐため、行った加刷です。これは、あらかじめ差出す郵便局の許可が得てあるので、指定の郵便局以外では、この切手を郵便物に使用できなくなっています。

米領フィリピン（1911-1920）

セイロン（1900-1910）

民間管理記号入りは、切手上に企業や団体が独自の記号や組織名などの印刷を施したもので、穿孔切手と同様に不正使用防止や内部管理を目的としています。通常、指定された郵便局でのみ差出し可能な仕組みとなっており、リスク低減に寄与しました。特にイギリスの郵便切手と収入印紙の兼用切手との相性が良く、カナダ、セイロン、インド、オーストラリア、ニュージーランド、海峡植民地などのイギリスと関連の深い国や地域でも採用されました。

IMPERFORATE

無目打

19世紀前半には、機械加工技術が貧弱なため、切手の切離し方法に各国が苦労し、目打無しで発行された例も多数あります。1854年の英国切手に始まり、目打入り切手が普及。以後の無目打は災害対応や、郵趣目的などになりました。

米国(1852)

ポーランド(1919)

バルバドス(1852)

西オーストラリア(1860)

ルーマニア(1866)

ソビエト連邦(1921)

日本(1923)

まだ目打が普及していない19世紀前半の切手を除くと、無目打の切手は、戦争や災害など、特別な社会事情によるものが、その大部分を占めています。目打を加工する機械は、印刷機械などに比べて、特殊な機械であるため、その調達は意外に厄介です。また、20世紀からは、郵趣家を意識した、無目打の切手の発行も増えてきました。日本の震災切手は、関東大震災で印刷局などが罹災し、応急的に民間の印刷所で製造されたため、無目打となっています。

IMPRINT

銘 版

切手の印刷所を示す記述です。多くの切手では、耳紙に示されています。切手によっては、印面の下部に挿入した例もあります。民間の印刷会社ほど、銘版を入れる傾向があり、発行国の政府機関は、省略することが多いようです。

ニューファンドランド(1865)

アデン(1951)

カナダ(1937)

ケイマン諸島(1938)

米領プエルト・リコ(1899)

銘版とは、切手を製造した印刷所や発行情報を示す文字やマークを指します。通常は切手シートの耳紙部分に記載されますが、印面内に表示される例もあります。銘版は国内印刷と外国印刷の違いや、印刷所の変更といった切手製造の歴史的背景を探る手がかりとなります。また、その変遷を通じて政府印刷の機関名の変更や郵政運営の状況を知ることができます。銘版は、高度な印刷技術を用いた切手製造の証であり、特別な意味を持つ重要な要素です。

PERFORATION

目 打

切手の切離し方法の中で、加工の際に切り屑が出るような、加工方法のことです。切手では、1854年に英国で採用されたのが最も早く、1860年代からは、多くの国が次々と採用するようになり、切手の切離し方法の標準となりました。

目打14
英国(1855)

目打14½×14
パキスタン(1958)

目打7
フランス(1861)

目打5½×12½×9½×5
ボスニア・ヘルツェゴビナ(1906)

目打11×13½
日本(1947)

　一般的に切手のシンボルのように見られている目打は、収集家にとっては、切手の分類に利用されています。この際、目打のピッチ数が使われていますが、これは19世紀の中頃、フランス人が提案した方法です。切手の縦・横でピッチが異なるものは、(横)×(縦)と書く習慣です。また、四辺のピッチが異なるものは、上辺から右周りに、(上)×(右)×(下)×(左)と書くことになっています。今回のリーフで示した、ボスニア・ヘルツェゴビナ切手がその例。

ROULETTE

ルレット

切手の切離し方法の中で、加工の際に切り屑が出ないような、加工方法のことです。目打に比べて、比較的簡単な道具で加工できるため、初期の切手には、色々な事例が見られます。大量の加工には不向きで、目打に淘汰されました。

ルレット 20
サウジアラビア(1916)

ルレット 7〜8
南西アフリカ(1923)

ルレット 8½〜10
北ドイツ郵便連合(1868)

ルレット 6½
南アフリカ連邦(1943)

ルレット 13½
ダンツィヒ(1922)

ルレット 13
リベリア(1909)

ルレット 13½
ギリシャ(1911)

ルレット 13½
ドイツ(1923)

目打とルレットとは、全く異なるものであるにも関わらず、日本では「ルレット目打」という、不正確な言葉が多くのところで使われているので注意してください。

ルレットの場合も、ピッチは目打と同様、20ミリの間にある刻みの数で示します。ルレットのピッチは、均一でない例が多く、その場合は「7〜8」のように示しています。なお、最下段に示したドイツのインフレ切手は、最高額500億マルク切手の、ルレットの方の例です。

SE-TENANT

連　刷（ス・トゥナン）

違う種類の切手が、隣り合って印刷されているものを呼び、フランス語が習慣的に使われてきました。実用的な意味では、切手帳ページやコイル切手などで、発売の価格を通貨の単位に合わせる目的などで、しばしば利用されました。

ドイツ語　　フランス語　　イタリア語
スイス（1939）

ドイツ（1940）

日本（1948）

郵趣用語の中には、フランス語がそのまま使われている例が、幾つもあります。これは、19世紀の郵趣界でフランスの影響力が大きかったことによります。この用語も、そうした例です。

初期の連刷には、印刷技術の稚拙さによって、偶然発生したものもあります。しかし多くの連刷は、意図的に作られたもので、複数の公用語を持つ国では、積極的に連刷を利用しました。上に示したスイスの例などは、代表的なものと言えます。

第3章 郵便ステーショナリー

郵便はがきは、郵便ステーショナリーの中でも最もポピュラーな例です。世界の多くの国は、郵便はがきを発行していますが、収集家としてはこれを本格的に集める人が少なく、また専門カタログなどの文献もそれほど多くは出版されていません。

この章では、これまでに各国で発行された郵便はがきをその発行目的別に分類し、代表的な例を図示しています。

切手とは異なり、発行国の事情などを反映して、日本では見られないような変わった目的や形状・デザインなどのものがあることを、知っていただければ幸いです。

また、郵便はがきはUPU（万国郵便連合）によって決められたスタイルの外国郵便用のはがきもあり、これらの日本あての事例についても紹介しています。

SINGLE POSTAL CARD

普通はがき

国内郵便に使用するためのはがきは、1869年にオーストリアで発行されたものが世界最初です。これに刺激され、各国が次々とはがきを発行するようになりました。切手では出遅れた日本でも、1873年には発行を開始しています。

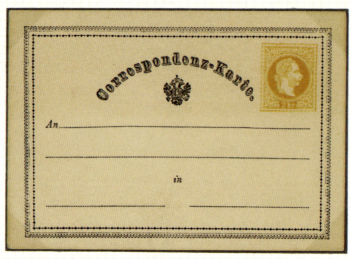

オーストリア(1869)

スイス(1870)

郵趣家の大部分は、切手だけに関心を持ち、郵便ステーショナリーには、ほとんど無関心と言えます。最も代表的な普通はがきについても、この世界最初のはがきを、正しく認識していない人も多いのです。各国の普通はがきにも色々と特徴があり、ここに示したスイスの例では、印面が左上にあり、消印の押捺欄が右上にあります。このスタイルの発行国は他にも幾つかあります。しかし、はがきのサイズは、オーストリアに準じたものが多いと言えます。

SINGLE POSTAL CARD

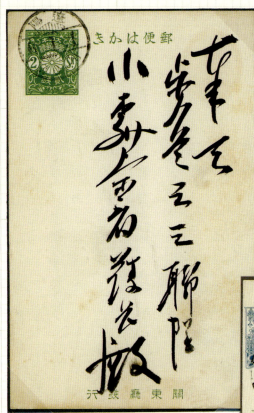

日本、関東庁(1926)

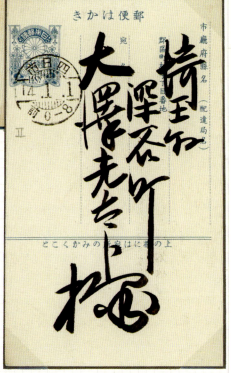

日本(1923)

　はがきの発行国(地域)は、切手とは必ずしも一致していません。ここに示した日本の関東庁はがきなども、そうした例の一つで、切手には関東庁発行はありません。世界には、こうした例が色々あり、切手との違いを感じます。

　また、はがきの形では、日本は昔から縦長型で、最近では世界でも例外的な存在となっています。日本のはがきで、サイズの特に小さいものは、関東大震災の後で応急的に発行された震災はがきや、戦後の小型楠公はがきなどが有名です。

PAID REPLY POSTAL CARD

往復はがき

はがきの差出人が、受取人からの返事を貰うために、考案されたはがきです。1872年にオランダで発行されたものが世界最初です。片道はがきが2枚繋がった形ですが、その繋がり方には上下、左右などいろいろなスタイルがあります。

スイス(1874)

　正確には「国内用往復はがき」ですが、これも現在ではかなり陰の薄い存在になってきています。これは、2枚の片道はがきが繋がった形に作られていて、両面刷りと片面刷りの2種があります。

　上に示したスイスの例は、片面刷りで凸版印刷の例です。2枚の同じはがきを、頭合わせにしていて、切り離すと、往信・返信のあまり明確な区別はできません。往信用と返信用の区別にこだわった国が、大多数を占めているのも不思議です。

　もう1つの異なる事例を紹介します。これは、

PAID REPLY POSTAL CARD

ニカラグア(1888)

中米ニカラグアの初期の往復はがきです。これも片面刷りですが、印刷は米国のアメリカン・バンクノート社による、彫刻凹版になっています。

この国では、1862年の切手発行以来、この米国の証券印刷会社に、有価証券の印刷を委託していました。そのため、はがきの印刷でも、外枠の細かい模様の隅々まで、まるで国債や株券などに見られるような緻密さです。下半分は返信片ですが、それを示す小さな文字も彫られています。

INTERNATIONAL CARD

外信はがき

外国郵便用のはがきで、UPU（万国郵便連合）の決定に基づき、1875年以降各国から発行されるようになりました。日本でも、1877年からは断続的に発行するようになりました。日本のはがきでは、例外的に横長型となっている例です。

フランス(1878)

米国(1879)

外国郵便用のはがきは、俗に「UPUはがき」という名前でも呼ばれるように、万国郵便連合（UPU）の影響を大きく受けています。

特に、国際用語としてのフランス語表記は、刷色やサイズ、デザインなどよりも、重要な条件となってきました。収集家から見ると、はがきの型式やサイズなどがほぼ統一されているので、整理には好都合なことが多いはがきです。ただ、使用済を外国から回収することに難点があります。

INTERNATIONAL CARD

日本(1879)

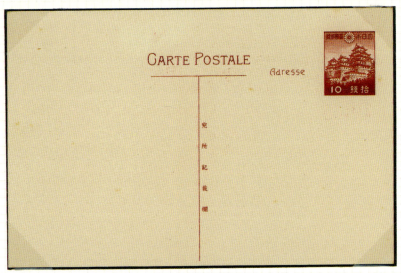

日本(1940)

　日本の外信はがきは、「三五六」の愛称で知られるものが、1877年に発行されました。しかし、これはすべて縦長型となっていて、非常識はがきの先陣とも言えるものでした。2年後からは、外国並の横型で発行されるようになりました。

　印刷版式も、最初は凸版でしたが、1940年以降は凹版印刷に変更され、日本のはがきの中では、外国人にも好まれるスタイルとなりました。ただ、こうしたデザインのおかげで、使用済の里帰りが少なくなったと言えそうです。

LUXEMBOURG

1882

International Paid Reply Card

外信用往復はがき

UPU（万国郵便連合）の決定に基づき、1875年以降、各国から発行されるようになりました。しかし、その形式については厳密に定めていないので、発行国によってスタイルの違いがあります。印刷の都合上、往信・返信を片面刷りにした例なども見られます。

ルクセンブルク(1882)

　外国郵便専用の往復はがきなので、これを利用する事例は特に少なく、この存在も一般の郵便利用者にはほとんど知られていません。

　そのため、未使用は見かけますが、実際に外国向けに使われた例は少ないと言えます。

　たとえ、このようなはがきが相手国に届いても、外国のはがきが自国内のポストに投函できると思っていない人も多く、返信部の使用例は極めて少なくなっています。このため、返信部の使用例は貴重です。

EL SALVADOR

1891
International Paid Reply Card

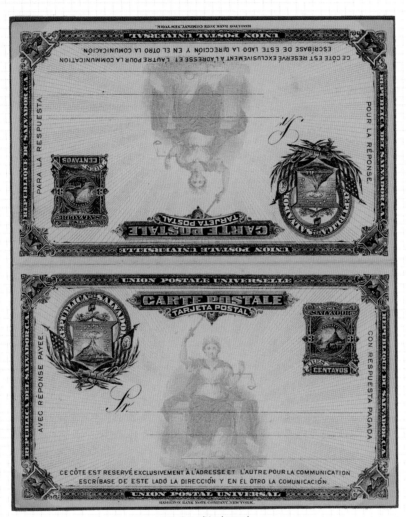

エルサルバドル(1891)

　外国郵便での往復料金となるため、発売価格も他のはがき類などに比べて高価になります。そのため、発行する郵政でも製造コストの高い彫刻凹版や多色刷りなどで製造している傾向が見られます。

　こうした理由で、外信用往復はがきは、はがきコレクションの中では貴重な存在となっています。多くの場合、発行された種類は少ないのですが、実物での収集に苦労させられるものとなっています。

GERMANY
1902-08
Pneumatic Post Postal Card

気送管用はがき

大都市での市内郵便の高速化を図るため、20世紀の初めに先進諸国では気送管（エアシューター）で郵便を送ることが試みられました。気送管用はがきは、この方法で送達するために特に工夫されたはがきです。サイズも一般のものより小型になっています。

ドイツ(1902)

20世紀の初めには、各国共に郵便物が増加し、その対策に追われていました。特に大都市内では、地上交通機関に依存していては充分に処理できないほど、郵便物の量が増加していました。この対策として、大都市の地下に大型のパイプラインを敷設し、郵便物を入れた容器をこの中に入れ、圧縮空気の力で遠方まで送るという方法が開発されました。これが気送管と呼ばれる技術です。

初期の気送管は、直径も小さく、従って郵

FRANCE

1910

Pneumatic Post Letter Card

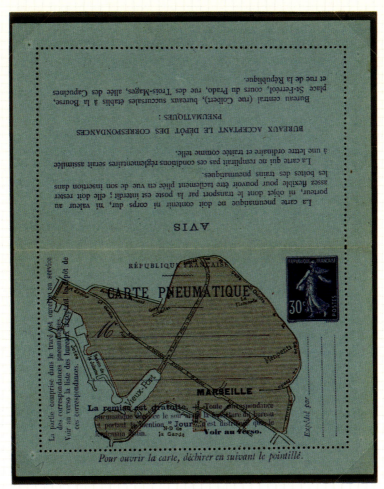

フランス(1910)

上に示したフランスの気送管用封緘はがきは、マルセイユ市内用として発行されたため、表面に市内の気送管網を示す地図が刷られていて、興味深いステーショナリーです。しかし、自動車の普及により、気送管は短命に終わりました。

便はがきなども小型のもので、折りたたんで容器に入れられていました。しかし、気送管の直径は次第に大型化し、小型の車輛のような容器が使われるようになっていきました。

BAVARIA

1882

Commemorative Postal Card

Issued to commemorate the Nürnberg Exhibition for Industry and Technology.

記念はがき

特別の行事などを記念して発行されたはがきで、1882年にバイエルン（現在のドイツ）で発行されたものが最初となっています。その後、各国でもこうしたはがきが発行されましたが、記念切手ほどには普及しませんでした。

バイエルン(1882)

19世紀には、記念切手も余り多く発行されていませんが、記念はがきは意外に早く出現しました。しかも、最初の記念はがきは印面以外の部分が3色刷りという、贅沢な印刷によるものでした。建物部分の印刷は写真を利用しています。

この当時、まだグラビア印刷は発明されていなかったので、写真を忠実に印刷する技術として、コロタイプ印刷の手法が使われました。当時のバイエルンは、世界の工業技術を推進する意気込みがあり、はがきにも反映されています。

VENEZUELA

Commemorative Postal Card
1911
Issued to Commemorate the Centenary of Independence

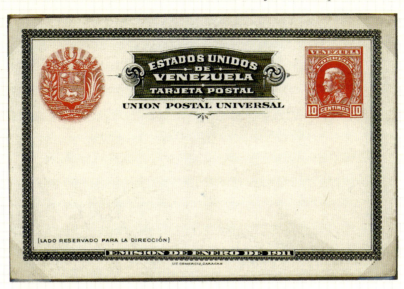

ベネズエラ(1911)

　20世紀に入ると、色々な国で記念はがきが発行されるようになりました。ここに示したベネズエラの独立100年記念はがきなどは、特に念入りな印刷の例です。はがき裏面の大半は記念の図版入りで、僅かな余白があるだけです。

　これでは利用者の通信文も、数行程度になりそうです。しかし、実際の使用例を見ると、通信文は図版の縁の僅かな余白部分にまで細かい文字でびっしりと書かれています。やはり利用者にとっては、できるだけ多く書きたいのです。

PERSIA

1878　　　　　　　　　　　　　　　　　　　　H&G #3

Provisional Postal Card

無印面官製はがき

　官製のはがきでありながら、印面を持たないはがきのことを英語では「フォーミュラ・カード」と呼んでいます。利用者はこれに切手を貼れば、はがきとして差出せるわけです。こうしたはがきは、厚手の台紙（カード）が入手困難な時代には各国で発行され、利用されていました。

ペルシャ(1878)　　　　　　　　　　　　(Ex Mitchell Coll.)

　厚手の白色カード用紙がまだ市場に多く見られなかった19世紀には、たとえ印面がなくてもはがき台紙の需要がありました。そこで、郵政側でも切手を貼れば差出せる形のはがきを積極的に発売したのです。

　こうしたはがきを収集家も「フォーミュラ・カード」と呼んで、海外では収集されていました。しかし、日本ではそうした考え方も定着していなかったので、関東大震災後に発売されたこの種のはがきも余り注目されませんでした。

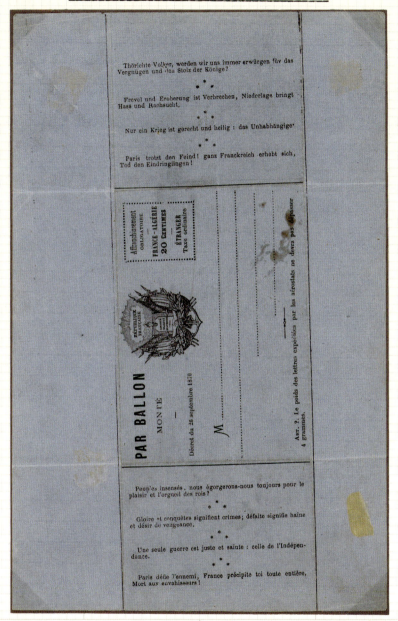

フランス(1870)

　世界各国の無印面官製はがきの中でも、特に珍しいとされているのが左ページに示したペルシャの1878年発行のものです。これは郵便ステーショナリーの世界的権威だった、米国のW.I.ミッチェル氏の収集品からの収穫です。

　また、右ページに示したのは、普仏戦争で包囲されたパリ市内からの気球郵便に使うため、特に軽い用紙に刷られた無印面封緘はがきの例です。150年も前のこうした紙片も、今では貴重な文化財となっています。

COSTA RICA

各国UPUはがきの日本到着例

UPUはがき（国際郵便用のはがき）は、世界の多くの国で発行されています。これらは日本にも到着していて、米・英・独・仏などの各国からのものは、比較的よく見かけます。ここでは日本到着のUPUはがきの中から、特に珍しい発行国からの例を紹介します。

H&G #11

Cartago(Aug.9,1909)--San Jose(Aug.9)--New Orleans(Aug.16)
--Tokyo(Sept.9)

コスタリカ(1909)

UPUに加盟している各国からは、基本的には外国郵便用のはがき（UPUはがき）が発行されています。しかし、それらがすべて日本あてに届いているとは思えません。長い年月をかけて集めてみると、ここに紹介したコスタリカの例のように、めったに見られない物に遭遇することがあります。はがきの裏面には、当然ながら通信文が記載されているので、それを読むと昔の事情などが判明し、歴史的文書を紐解く面白さも味わうことができます。

PHILIPPINES

H&G #26

Manila(Dec.29,1903)--Nagasaki(Jan.7,1904)--Kyoto(?)
フィリピン(1903)

H&G #34

Manila(Jan.1,1914)--Nagasaki(Jan.?)--Kyoto(?)
フィリピン(1914)

　例えば、右ページに示した20世紀初頭の米領フィリピンからの日本あての例では、日本からの移住者などがもっぱら故郷への通信に使ったものが知られています。それ以外には、この当時のフィリピンのUPUはがきを使用した例はほとんどなかったようです。そうした事情のため、これらのUPUはがきは主権国の米国ですから、使用例がほとんど把握されていませんでした。このようにUPUはがきの使用例は、発行国側での盲点となっています。

(55)

AUSTRIA

1936

絵入りはがき

官製はがきの表面や裏面に、絵や写真などをあらかじめ印刷したものが多くの国から発行されています。これらは民間製の絵はがきとは異なり、統一された企画の下に多種が発行されている例もあって、収集家からも歓迎される対象となっています。

オーストリア(1936)

官製の絵入りはがきは、20世紀前半のヨーロッパで流行となっていました。特に観光事業に力を入れていた、スイスやオーストリアなどの例がよく知られています。ここに示したオーストリアの例のように、印面図案は同じでも左側の景色の異なるものが数多く発行されています。官製であるために、印刷も当時の最高品位が見られ、トピカル収集家にとっても絶好の材料となっています。国によっては、発行国の専門カタログに詳細なリストが紹介されています。

第4章 クラシックの名品＆トピック切手

世界では、既に数十万種類とも言われる切手が発行されてきました。

しかし、その切手の発行国だけでなく、広く世界の収集家に知られ、人気のある「世界の名品」とされる切手はごく少数です。

これらの切手は、単にその希少性とか、見かけの美しさだけで有名になっているのではありません。その切手の発行事情とか、使用された当時の環境などにまつわる色々なエピソードがあります。

ここに紹介するのは、特に各国初期の切手の中で「世界の名品」や「世界のトピック」と言える切手です。拡大図を示したものは、その特徴を観察していただきやすくするためです。

それぞれの切手には簡単な解説を加えています。しかし、多くの事例については、詳細に研究された論文や大規模な研究書なども海外では出版されています。

GREAT BRITAIN

ペンス・ブルー

世界最初の郵便切手として、英国で1840年に発行されました。同時に発行された、1ペニー切手（ペニー・ブラック）の方が有名ですが、これはカタログ上で最初にリストされたからです。しかし切手としては、この2ペンス切手の方が使用量も少なく、はるかに入手しにくい切手となっています。

英国(1840)

　英国流の発音では、「タプンス・ブルー」となりますが、この切手も「ペニー・ブラック」と並んで、世界最初の切手です。そして、こちらの方が、発行枚数もはるかに少なく、しかもアルバムに整理したときに、見ばえが良いので人気が高い切手です。2種揃えて入手しておくことをおすすめします。

　なお、この切手の実用版も2種あり、これは単片でも区別できるので、専門家はこれを分けて収集しています。

BRAZIL

ブラジル「牛の目切手」

　南米のブラジルは、英国に次ぐ世界第2番目の切手発行国です。1843年にその最初の切手3種が発行され、図案は大きな額面数字だけでした。その異様な形から、収集家に「牛の目」の愛称で呼ばれるようになりました。リオ・デ・ジャネイロの印刷局で彫刻凹版により印刷され、傑作の切手として有名です。

ブラジル(1843)

　ブラジル最初の切手は、発行国名や額面単位、さらに郵便を示す文字などが一切無いために、発行当時から変わった切手として注目されました。これは、1842年以前に使われていた、紙幣の図案を一部流用したもので、彫刻凹版の有用性を示しています。拡大図では、例えばペンス・ブルーと比較して、彫刻者の技量もよく分かります。

　収集家には、版面の摩滅が少なく、マージンのできるだけ大きいものが好まれています。

UNITED STATES

プロビデンスの局長臨時切手

　1846年に、米国のロード・アイランド州で発行された、局長臨時切手の例です。彫刻凹版による無目打切手ですが、実用版は12枚構成で、5セントの印面と、10セントの印面が共存していました。この実用版は、全面が直彫りの製版でしたから、これは正真正銘の「手彫切手」と言うべきものです。

プロビデンス(ロード・アイランド州)(1846)

　米国では、政府郵政省の切手が発行される以前に、幾つかの郵便局では、局長の権限で臨時的な切手を発行し使用していました。

　こうした切手を、「局長臨時切手」と呼んでいます。スコット・カタログでも、昔はこれらから番号をつけていたために、収集家も自動的にその収集をさせられていました。ただ、これらの中には極端に稀少なものもあったため、戦後には、番号をつけ変えて、今のような形となりました。

GREAT BRITAIN

世界最初の8角印面切手

世界最初の切手を発行した英国では、1847年に、高額切手を見分けやすくするため、8角形の印面が考案されました。また、ニセ物を防ぐ目的で、用紙にはあらかじめ、着色した絹糸を漉き込む方法も取られました。印刷は凸版ですが、女王の肖像は浮き出し加工で、印面は1個ずつ印刷されています。

英国(1847)

　この切手の場合には、ハンドプレス機を使って、用紙上に印面を1個ずつ、刷ってゆくという方法が取られました。そのため、印面同士の間隔にムラができています。
　初期の収集家は、図入りアルバムを使って整理していたため、アルバムに描かれた図に合わせて、印面の四隅を切り落とした人が多数いました。
　こうした、角を切り落としたものは、「カット・ツー・シェイプ」と呼んで、嫌われています。

UNITED STATES

米国最初の10セント切手

米国は1847年に、最初の切手を発行しました。これは、その時発行された10セント切手で、初代大統領ワシントンの肖像を描いています。印刷は当時ニューヨークにあった民間印刷所で、彫刻凹版によっています。300マイル以上の遠距離書状料金用のため、約86万枚の発行量にどとまりました。

米国(1847)

この最初の切手が発行された当時、米国の郵便料金は前納（差出人払い）でも後納（受取人払い）でも、同一となっていました。そのため、多くの郵便は後納の形で差出され、切手の利用は敬遠されました。

こうした事情で、米国最初の切手は発行枚数も少なく、現在では入手しにくい対象となっています。発行枚数が少なかったことが、かえって幸いしたのは切手の状態で、版の摩耗が少なく、美しい凹版切手を手にすることができます。

SYDNEY VIEWS

「シドニー・ビューズ」

　1850年に、現在のオーストラリアの南東部にあった、英領ニュー・サウス・ウェールズ地方で発行された切手です。現地の印刷所で製版・印刷が行われたため、実用版は全面直彫りの彫刻凹版となっており、印面は1枚ごとに僅かずつ図案に違いがあり、こちらも正真正銘の「手彫切手」の例となっています。

英領ニュー・サウス・ウェールズ(1850)

　英領ニュー・サウス・ウェールズの紋章は、昔のシドニーの風景を描いていました。それを切手の図案にしたので、このような呼び名が付いています。

　ここに紹介したのは、額面2ペンスの例ですが、同様の図案で1ペニーや3ペンスのものもあり、スコット・カタログでは、9種類に大別しています。また、純粋な手彫切手のため、個々の切手には、微妙な変化があり、プレーティングを楽しめる切手ともなっています。

NOVA SCOTIA

世界最初の菱形切手

英領ノバ・スコーシア植民地（現在はカナダの一部）では、1851年に、世界で最初の菱形切手を発行しました。これは、植民地の切手を、本国切手などと区別しやすくするための、工夫の一つと考えられます。印刷は、英本国の印刷所による、彫刻凹版製ですから、印刷物としては最高の出来映えです。

英領ノバ・スコーシア(1851)

　この切手とソックリの図案の切手が、ニュー・ブランズウィック植民地でも発行されています。しかし、発行日がこれより4日後なので、こちらに軍配が上がることになりました。
　切手を大きく拡大をしてみると、ほとんど気付かなかった印面の細部までよく分かるので、凹版彫刻の素晴らしさが味わえます。消印が不鮮明なのも、かえって幸いしていると言えそうですが、未使用ではグンと高価になるので満足しています。

UNITED STATES

「ブルー・フランクリン」

　1851年に、米国で発行された、最低額の普通切手です。当時すでに米国は工業水準が、ヨーロッパに匹敵するほど高く、切手はすべて転写法による彫刻凹版で製造していました。また、郵便物の量も世界有数の規模に到達していて、この無目打だけでも二千万枚以上発行されたと、推定されています。

米国(1851)

　クラシック切手としては、かなり発行数の多い例なのですが、その割に入手は容易とは言えません。これは、過去にこの切手の大規模な研究が行われ、詳細なプレーティングができるからです。そのため、世界的にも人気が高く、専門コレクションの中に大量の切手が集められてしまいました。そこで、市場には残った数少ない切手だけが存在しているのです。専門の研究書も出版されていて、楽しめる切手としての人気もおとろえていません。

CAPE OF GOOD HOPE

世界最初の三角切手

現在の南アフリカの共和国の一部となっている、英領喜望峰植民地では、1853年から、独自の切手を発行しました。英本国からの郵便と見分けやすくするため、世界で初めて三角形の図案が採用され、その後10年以上使われていました。印刷は彫刻凹版で、英本国の印刷所で製造されました。

英領喜望峰(1853)

クラシック切手の中で、「三角切手」というあだ名で知られているのが、この切手です。この英領喜望峰植民地では1853年から1864年までのおよそ10年間、三角形の切手を使用していました。そのため、初期の収集家の間でも、人気の高い切手となっていました。

英国の著名な切手商、スタンレー・ギボンズ社は、この切手の使用済を大量に入手したことで、その経営基盤を確立したことは、今でも有名な話として世界に知られています。

HAWAII

ハワイ王国「カメハメハ3世切手」

　ハワイが独立の王国であった時代、1853年から1861年にかけ、当時の国王であったカメハメハ3世の肖像を描く、国内郵便料金用として発行された切手です。米国ボストンの民間印刷所で、彫刻凹版により製造されました。需要が少なかったため、20枚構成という小さなシートで刷られています。

ハワイ王国(1853)

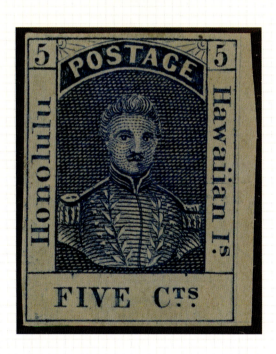

　太平洋中央の孤島だったハワイは、昔から船の補給基地としても注目されていました。キリスト教の布教のために、ここに移住したアメリカ人宣教師によって、1851年には早くも切手が発行されています。その後、独自の郵便制度が確立し、国王の肖像などを描いた切手も発行されるようになりました。しかし、米国の影響を大きく受けていたため、米国製の切手が継続的に発行されるようになりました。かつては人口の半数近くは、日系人という国でした。

TASMANIA

タスマニアの4ペンス切手

　オーストラリア大陸の南東にあるタスマニア島で、1855年に発行された切手です。当時の英国のビクトリア女王を描き、ロンドンのパーキンス・ベーコン社で彫刻凹版により印刷されました。なお、この2年前に改名されていたにもかかわらず、島の旧名「バン・ディーメンス・ランド」が印面に示されています。

タスマニア(1855)

　タスマニア最初の切手は、現地印刷の粗末なものでしたが、1855年以降は英本国で製造されるようになりました。ビクトリア女王を描いた、この切手が英本国で印刷された最初の例となっています。当時、英本国とは地球の反対側にある、最も遠い植民地でしたから、帆船による海上輸送にも多くの月日を要していました。従って、この切手のように島の旧名のまま切手が作られていても、やむを得なかった訳です。しかし、印刷が立派で美しい切手です。

MECKLENBURG-SCHWERIN

世界最小の切手

現在のドイツ北部にあった、メクレンブルク・シュベリーン大公国では、1856年から約10年間、独自の切手を発行していました。最初に発行された額面4分の1シリング切手は、単片の印面では世界最小です。ただ、発売はその田型が単位となっていたので、最小ということでは異論もあります。

メクレンブルク・シュベリーン(1856)

19世紀には、現在のドイツに相当する地域が、多くの小さな国に分かれていました。このメクレンブルク・シュベリーン大公国も、現在のドイツの北部にあった小国です。

そして、これらの諸国がそれぞれの郵政を持ち、独自の切手を発行していたため、いろいろと変化に富む切手が出現しました。この最小の切手も、そうした中の一つですが、多くはマルティプルの形で使われ、単片で使用された例は少ないという特徴があります。

NATAL

ナタール「エンボス切手」

現在の南アフリカ共和国の一部となっている、英領ナタール植民地では、1857年から3年間、エンボス（浮き出し加工）だけで作られた切手を発行していました。着色紙を使って、額面を区別しやすくしていますが、エンボスの図案も分かりにくく、カタログの図からは想像もできない姿をしています。

ナタール（1857）

スコット・カタログを見ると、ナタール初期の切手については、王冠を中心とした紋章図案が示されています。ところが、実際のコレクションを見せられると、小さく切った色紙に見えます。つまり、実際の切手ではエンボスの図案は、ほとんど見えないのです。こんな切手を使わされた利用者が気の毒に思えるほど、情けない切手です。それでも170年も経過してしまうと、かえって珍しい切手となっています。やはり1枚は実物を手にしてください。

NEW CALEDONIA

ニューカレドニアの一番切手

南太平洋にあるフランス領ニューカレドニアでは、1859年に島内郵便用の最初の切手を発行しました。これは海兵隊員のトリケラ軍曹がフランス本国切手の図案を真似て、石版石に1シート50個分の印面（ナポレオン3世図案）を手彫製版したものです。1枚1枚図案が異なる稚拙な印刷がかえって人気を呼んでいます。

ニューカレドニア(1859)

　クラシックの名品切手の中には、製造技術が稚拙なために、かえって親しみを持たれているものもあります。

　ここに取り上げたニューカレドニア切手も、そうした例の1つと言ってよいでしょう。その
ため、シート全体のリコンストラクションが、容易にできるという面白さもあります。

　上のペアで見ても、顔の描き方がそれぞれ違っている点は、誰にでもすぐ分かってもらえるでしょう。

FINLAND

「サーペンタイン・ルレット」

フィンランドでは、切手を無目打で発行開始しましたが、1860年以降約15年間、この特徴ある形のルレットを加工し、シートからの切離しを容易にしていました。このルレットは、収集家泣かせの傷つきやすい加工なので、切手の四周が完全な姿のものは、現在では極めて少なく、珍重されています。

フィンランド(1867)

　切手の切り離し方にも、こんなに変わったものがあるという点で、収集家を驚かせています。
　とは言っても、このルレットは、世界の収集家を泣かせてきたのでも有名です。現に、上の切手の場合でも、海外の切手商の写真では、左下隅に小さな紙片がくっついていたのですが、郵便で送られてきたときには、残念ながらちぎれていて、グラシン袋の中にそれが残っていました。1枚の切手の入手にも、こうした苦労があるのです。

CONFEDERATE STATES OF AMERICA

南部連合最初の切手

　南北戦争時代に、米国から分離独立した南部諸州は独自の郵政組織を作り、切手も発行しました。最初の切手は1861年に発行され、これはその実逓カバーです。印面には、南部連合のデービス大統領の肖像画が描かれ、首都リッチモンドの民間印刷会社で石版印刷され、無目打で発行されました。

南部連合(1861)

　アメリカの南北戦争(1861-65)では、国内が南北2つの国に分かれて戦いました。南側の国(南部連合)では、首都をバージニア州のリッチモンドに置き、独自の郵便を実施しました。
　そこで、当然の結果として、北側(合衆国)とは異なる切手が必要となりました。しかし、当時の南部は農業主体の経済活動に依存していたので、印刷技術も貧弱でした。そのため、切手も北側に比べて、はるかに粗末なものしか発行できなかったのです。

CAPE OF GOOD HOPE

「ウッドブロック」4ペンス切手

英領喜望峰植民地（現在の南アフリカ共和国の一部）で、三角切手を発行していた時代に、正規の切手の在庫切れを防ぐため、現地で発行された暫定切手です。これは、1861年の発行で、収集家は「ウッドブロック」（木版）と呼んでいますが、実際の印刷方式は凸版となっていて、木版印刷ではありません。

英領喜望峰(1861)

　「ウッドブロック」と呼ばれている切手は、4ペンスの他に、赤色の1ペニー切手があります。
　そして、皮肉なことに、この両方にそれぞれの刷色を取り違えたエラーもあるので有名です。
　この切手の場合も、正規の三角切手は英国印刷の立派な凹版切手でしたから、これを現地の印刷所が真似しても、到底及びません。その結果として、このような切手ができた訳で、印刷の稚拙な点がかえって、収集家に愛着を持たれています。

COLOMBIA

コロンビアの超小型切手

南米コロンビアのボリバル州では、1863年から約40年間、独自の切手を発行していました。この最初の切手は、印面が横10ミリ×縦12ミリという寸法で、単片で発売された切手としては、世界で最小と言われています。約10年間は、このサイズで発行され、その後はほぼ普通の切手並みの大きさとなりました。

コロンビア(1863)

　世界最初の切手となった、英国の「ペニー・ブラック」や「ペンス・ブルー」は、世界各国の切手の仕様を決める上での、標準ともなっていました。
　このボリバル州切手は、それに対してタテ・ヨコ共に約半分、面積では約1/4という小さなもので(上の図版では実物の約7割大となっています)、使用しづらかったと思われます。
　拡大図で見ると、この小さな切手が、丁寧に製版された様子も分かります。

UNITED STATES

世界最大の大型新聞切手

1865年に発行された米国の新聞切手は、郵便の目的で定められた世界最大サイズの切手です。これは、発行者からまとめて差し出される新聞の束や送り状に貼付するために大きく作られたもので、収集家を意図したものではありません。

米国(1865)

　米国切手の中でも、特に大型の切手として世界に知られてきました。
　もともと、米国の新聞はページ数も多く、1日に60ページを超える新聞を発行していた例もあります。従って、新聞の束も大きく重いものとなっていました。そうした束に添えた送り状などに、貼って使われた切手です。
　封筒に貼る場合と異なり、新聞の束の送り状に貼ったため、この位大きくないと目立たないという事情があったのです。

BRITISH GUIANA

英領ギアナ「活版暫定切手」

現在のガイアナにあたる、南米北岸の地域は、英領ギアナと呼ばれていました。1850年の切手発行以来、度々現地の印刷所による、活版印刷の暫定切手を発行しています。これは、1882年発行のもので、10枚構成の小さなシートの中に、マストが2本と3本の2種の帆船が連刷となっています。

英領ギアナ(1882)

英領ギアナの切手は、1853年以降、正刷のものが英本国のウォーターロー社で印刷されていました。しかし、当時の大西洋航路は帆船によるものでしたから、天候に大きく左右され、欠航や難破に悩まされました。予定していた切手の補給が途絶えたときは、現地の印刷所で、活版による暫定切手が製造されました。ここに示した切手も、そうした例の一つです。活版の性格上、シートを構成する個々の切手は、少しずつ異なっているという面白さもあります。

UNITED STATES

世界最初の速達切手

　1885年、米国は速達郵便制度を実施し、この料金前納用の速達切手を発行しました。これは、世界最初の速達切手となっています。当初速達郵便の取扱いは555局に限定され、専属の配達員が局に配置されました。印面には配達員を描き、サービスが速達郵便局に限定されることも示されています。

米国(1885)

　米国郵政が、速達制度を考えた当時は、この指定をした郵便物を、配達局から名宛人まで、特別に早く配達するサービスとなっていました。

　電話などが無かった時代のことですから、配達局に届いている自分宛の郵便物が、次の配達時間まで受け取れないことは、さぞ不便だったと思われます。

　そこで、たとえ1通でも、専属の配達員（メッセンジャー・ボーイ）を使って、名宛人に届ける制度として、この速達郵便がスタートしました。

UGANDA

ウガンダ「タイプライター切手」

アフリカ中東部の英領ウガンダ植民地では、1895年から翌年にかけ、印刷所などの無い不便な環境の中で、宣教師が持ち込んだタイプライターを利用し、直か打ちによって、世界的にもほとんど例の無い、珍しい切手を発行しました。カーボン紙を挟み、レターペーパーを重ねて打っています。

ウガンダ(1896)

　ごく薄い用紙に、簡単な文字だけを示した図案の切手です。安上がりに作られた切手ですが、この切手の使用例はとても少なく、しかもニセカバーを作るのも容易ではありません。用紙がとても薄く、裏に貼ったヒンジまでがすけて見えるという、収集家から見ると困った切手の例にもなっています。

　安上がりに作られた割には、カタログ評価が数百ドル以上という、入手には困難な切手となっています。

米国「嵐の中の牛」

1898年に、米国ミズーリ州セント・ルイスで、万国博覧会が開催されました。この記念切手9種セット中の1ドル切手です。嵐の中を移動する家畜の群れを描いた図案は、米国切手の中でも、最も美しい図案として定評があります。しかし、原画はスコットランドの絵で、誤って使われたものです。

米国(1898)

　世界の切手の中には牛を描いたものもたくさんありますが、この切手はその中でも美しい切手として、世界的に有名になりました。彫刻凹版で、しかも刷色を黒にしたことが、原画の良さとマッチしています。この記念切手は、9種セットとなっていますが、この1ドル切手だけが特に有名になりました。発行枚数も6万枚足らずですから、現在は市場にも僅かしか残っていません。状態の良い未使用切手は、1万ドルもの高値で売られています。

CANADA

世界最初のクリスマス切手

1898年12月、カナダでは英連邦内統一低額郵便料金制度の実施を記念し、英連邦の版図を世界地図上に示す図案の切手を発行しました。このとき、図案の下方に「1898年クリスマス」の文字があることから、世界最初のクリスマス切手とされています。凹版・凸版の3色刷りという贅沢な切手です。

カナダ(1898)

19世紀の末尾を飾った大型切手です。低額切手でありながら3色刷の豪華な切手が、収集家へのクリスマス・プレゼントでした。

これにとりつかれた収集家によって、徹底的な研究も行われ、プレーティングの成果をまとめた研究書も出版されています。また大型のため、日付印の印影が完全満月で観察できることが多く、変化に富んでいます。そこで、使用済切手の消印収集でも、人気のある切手として知られています。

CRETE

クレタ島の一番切手

1898年に、英国軍占領下のクレタ島で発行された切手です。この切手の変わっているのは、印面が手押印で作られていることや、英語が全く使われず、すべてギリシャ語で表現されていることなどです。実際に郵便に使われたものは、この上に、更に手押しによる消印が押されています。

英領クレタ島(1898)

地中海の東部にあるギリシャ領のクレタ島は、歴史的にはフランス、英国、イタリア、ロシアなどによって分割占領されていた時期があります。この切手も、英国軍がカンディア地方を占領したときに発行されました。切手として面白いのは、印面が手押し印で作られていることです。しかし、この切手の発行の1週間後には、平版印刷による正刷切手が発行されました。このため、この切手は発行枚数もごく僅かで、使用期間も短く、現在では未使用・使用済共に入手難です。

MAFEKING

マフェキングの青写真切手

現在南アフリカ共和国にあるマフェキング市は、ボーア戦争（1899-1902）の際、守備するイギリス軍が、ボーア軍に包囲されました。イギリス側は応急的な郵便に使用するため、青写真の手法で切手を製造し使用しました。世界的にも、他に例を見ない、珍しい切手の製造方法として、収集家に人気があります。

マフェキング（南アフリカ）（1899）

　書類の複写で、コピー機が活躍するようになったのは、今からおよそ半世紀前のことでした。それまでは、青写真という方法が使われていました。

　これは簡単な道具で複写できるので、多くの職場で愛用されていました。そのため、こうした変わった切手も登場することになり、現在の収集家を楽しませる結果となっています。

　発行枚数が少ないので、現在ではなかなか現物を見ることの困難な切手で、カタログ評価も数百ドル以上となっています。

GERMANY

ドイツ帝国「5マルク切手」

　ドイツが帝国であった時代の1900年に、普通切手の最高額として発行されたものです。図案は、ドイツ帝国の25周年記念式典で、演説する皇帝ヴィルヘルム2世を描いています。普通切手でありながら、2色刷りの彫刻凹版による大型切手は、当時としては珍しく、ドイツの国力を顕示しました。

ドイツ帝国(1900)

　ドイツ帝国の普通切手は、1900年1月1日に改正され、「ゲルマニア切手」と呼ばれる新シリーズが出現しました。この新シリーズは、低額切手が凸版印刷の単色刷りで、図案は「ゲルマニア」女神像でした。これに対して、高額のマルク額面切手は横長の大型で、凹版印刷となっていました。しかも最高額の5マルク切手は、2色刷りの立派なもので、世界の収集家を驚かせる切手でした。図版のように拡大してみると、画面を構成する人物の表情もよく分かります。

第5章
航空切手の名品

20世紀の初めに、ライト兄弟による飛行機の発明が引き金となって、世界的に飛行機を郵便物逓送に使うことが検討され始めました。その結果、1910年代からは航空郵便の実験も開始されます。

そして、1917年以降、試験飛行ではあっても逓送される郵便物の料金前納だけに使用する目的で、特別の郵便切手が発行されるようになります。

これが「航空切手」と呼ばれるものです。

その後、航空郵便が定期的な事業となるに従い、この利用料金の前納のために多くの航空切手が発行されるようになりました。初期の航空料金は極めて割高だったので、額面も高額でした。

ここに紹介するのは、航空切手の中でも比較的初期に発行され、収集家に注目された切手です。

ITALY

イタリア「世界最初の航空切手」

イタリアは1917年5月に、ローマ・トリノ間往復約500キロメートルの試験航空郵便を実施しました。そして、この郵便だけに使用する目的で、速達切手に「試験航空郵便」の文字を加刷した、航空切手1種を発行しました。これは、世界切手カタログにリストされ、最初の航空切手と認められています。

イタリア(1917)

第一次世界大戦（1914-18）では、イタリアは1915年5月に、英・仏などの協商国側として参戦しました。北部の国境では、オーストリアとの戦闘が始まり、国防に対する意識も高まっていました。飛行機による郵便の輸送も、こうした状況下では特別の意味を持っていました。そのテストとして、ローマ・トリノ間が選ばれました。この飛行では、トリノの郵趣団体がカシェ入りの特製はがきを用意し、大部分の実逓便はこれを使いました。

ITALY

イタリア「世界2番目の航空切手」

イタリアは、最初の試験航空飛行に成功した後、その翌月（6月）には本土とシチリア島との航空路を検討するため、水上飛行機を使った試験飛行を実施しました。これはナポリとシチリア島パレルモ間の飛行で、この試験飛行のために、やはり速達切手に加刷した、世界で2番目の航空切手1種を発行しました。

イタリア(1917)

戦争によって、ドイツの潜水艦による脅威が高まり、シチリアやサルデーニャ島との連絡が、懸念されました。そこで、今度は水上機による試験飛行が実施されました。

切手の加刷に"IDROVOLANTE"とあるのは、「水上機」の意味です。当初は、1日で往復する予定でしたが、霧のために実現できず、2日がかりで往復が実現しています。なお、台切手となった、紫色40ｃの速達切手には、無加刷のものはありません。

UNITED STATES

米国「24セント・ジェニー航空切手」

1918年5月、米国では首都ワシントンとニューヨークの間で、定期航空郵便路が開設されました。この区間の航空郵便料金用として発行された切手です。初飛行に使われた「カーチス・ジェニー機」を、凹版2色刷りで忠実に描き、世界最初の正刷による航空切手となっています。

米国(1918)

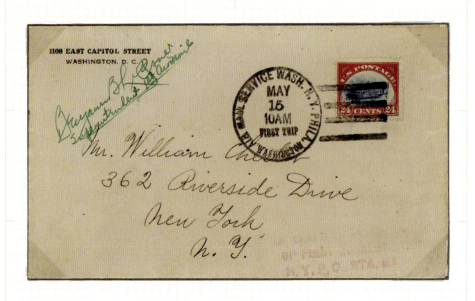

アメリカ初の航空切手は、1918年5月13日に発行されました。この切手の中央のデザインは、初飛行に使用されるアメリカ陸軍のカーチス機を描いたもので、機体番号「38262」は、1918年5月15日にワシントンD.C.から最初の郵便を運んだカーチス機と一致しています。同じ1918年中に、6セント(12月10日発行)と16セント(7月11日発行)の同図案の航空切手も発行されていますが、その後の航空郵便料金の改定に対応したものです。また、航空郵便以外にも使用可能でした。

COLOMBIA

コロンビア「第2次航空切手」

南米のコロンビア共和国は、国土の大部分が山岳地帯で、交通手段に早くから飛行機が使われました。この航空切手も、航空路を運用した民間航空会社が1920年に制作し、僅か100枚が発行されました。航空郵便は、この会社に委託運用され、その経費を支払うため、このような切手が使用されました。

コロンビア(1920)

切手とは思えないほど、画期的なデザインで人気のある例です。これは、もともと航空会社の宣伝用にデザインされたラベルでした。それを切手に流用したというのが、この切手の発行の経緯となっています。切手として使うために、文字を黒で加刷したので、独特の雰囲気のデザインは偶然の産物と言えます。切手では発行枚数が100枚と極めて少ないので、権威ある鑑定機関の鑑定書がないものは、すべてニセ物と見られています。入手には十分ご注意ください。

CHINA

中国「最初の航空切手」

1921年に、中国では最初の航空切手5種セットが発行されました。これには、万里の長城の上を飛ぶ、米国製カーチス・ジェニー機が描かれています。しかし、最初の航空切手を貼った郵便物は、英国製の爆撃機で運ばれ、図案は全く架空のものとなりました。尾翼の3色旗が特徴となっています。

中国(1921)

中国初の航空切手は、1921年7月1日に発行されました。初飛行カバーは上海から済南まで鉄道で逓送後、済南から北京まで230マイルを航空輸送したもので、約400通が搭載されたとされます。1929年には、1921年の切手と同様のデザインの新しい航空切手が発行されました。後者は尾翼のデザインが変更され、中華民国の三色旗に代わって国民党の青天白日の紋章が入りました。1929年の航空切手は、上海と南京を結ぶ定期航空路線開設に伴うものです。

GREECE

ギリシャ「最初の航空切手」

　1926年10月、イタリアの航空会社による、イタリア・ギリシャ・トルコ間の定期航空路が開設され、ギリシャはこの会社に委託して、外国向け航空郵便を開始しました。切手も航空会社に任せたので、水彩画調の平版4色刷りで魅惑的な4種セットが実現し、世界の収集家に高く評価されています。

ギリシャ(1926)

　この切手は、イタリアの航空会社がトルコまでの航空路の宣伝にデザインした、ラベルを流用しています。そのため、切手とは思えない、あか抜けしたデザインで、収集家に喜ばれています。ところが、同じ図案家が、第2次の航空切手を手がけたときは、郵政がいろいろと条件をつけたためか、平凡な図案となっています。やはり切手は、自由にデザインされたものが人気も高いようですが、たいてい郵政側からは余計な注文がついているようです。

JAPAN

日本「芦ノ湖航空切手」

芦ノ湖航空は、芦ノ湖とフォッカー7型3M機が図案となっています。日本における国内航空郵便制度ができてから半年後の1929年10月6日に、まず8½銭、16½銭、18銭、33銭の4種が発行され、1934年3月1日に9½銭が発行されました。9½銭が発行されたのは、1933年11月1日に内地相互間の航空はがき料金が改定されたことによります。

日本

1929

1934

1929

1929

1929

1928年10月、逓信省の指導のもと、国策会社の日本航空輸送株式会社が設立されました。1929年4月1日には「航空郵便規則」が施行され、制度名も従来の「飛行郵便」から「航空郵便」へと改められました。これに伴い、東京・大阪間で1日2往復、大阪・福岡間で1日1往復の運航が開始され、外地でも蔚山(ウルサン)・京城・平壌・大連間での運航が始まりました。芦ノ湖航空は、葉書や書状の基本料金と航空郵便料を合算した額面となっています。

UNITED STATES

米国「ツェッペリン航空切手」

　1930年に、ツェッペリン飛行船が世界一周飛行を行ったとき、米国ではこの特別飛行便の料金用として、額面65セント、1ドル30セント、2ドル60セントの3種を発行しました。最高額は、世界一周の航空郵便料金に相当し、当時としては破格の高額切手で、約6万枚の発行に留まりました。

米国(1930)

　ツェッペリン切手は、1930年4月19日に発行されました。65セント切手は、飛行船グラーフ・ツェッペリン（LZ127）が大西洋上を飛行する姿を、1ドル30セント切手は大西洋横断ルートを示す地図上を飛行する姿を、そして2ドル60セント切手は西半球上を飛行する様子を描いています。いずれも1930年6月末に販売が終了し、売れ残った分はすべて廃棄されました。販売されたのはわずか7％に過ぎなかったため、現在では稀少な航空切手として知られています。

FRANCE

フランス「記念穿孔航空切手」

　1930年に、パリで開催された国際航空郵便展覧会（略称EIPA30）を記念して、当時の1.5フラン航空切手に、"EIPA30"の穿孔を加えたものが、額面に展覧会の入場料5フランを加えた金額で発売されました。特に穿孔のよく分かる、タブ付きのものが収集家に人気があります。

フランス(1930)

　フランス最初の正刷の航空切手は、1930年6月8日に発行されました。図案はマルセイユ上空を飛ぶ航空機と町のランドマークをなすノートルダム・ド・ラ・ガルド聖堂で、赤色（カーミン）と濃紺の2種が存在します。国際航空郵便展覧会の会期は、1930年11月6日から20日まででした。入場料分を付加して販売した「記念穿孔」は赤色（カーミン）と濃紺ともに存在します。いずれも穿孔切手の偽物や変造品も報告されているため、鑑定書付きのものを探して入手するのが無難です。

USSR

ソビエト連邦「アメリカ飛行記念加刷航空切手」

　1935年に、モスクワ・サンフランシスコ間の試験飛行が実施されました。これに搭載する郵便物のため、僅か約1万枚の加刷切手が発行されました。台切手は、同年に発行された極地探検隊救出作戦の切手で、描かれたレバネフスキーは記念飛行のパイロットも務めています。

ソビエト連邦(1935)

　シギズムント・レバネフスキーは海軍航空学校を卒業後、軍のパイロットとして活躍し、複数の長距離飛行に挑戦しました。1935年8月には、同僚のバイドゥコーフとレフチェンコとともに、この加刷航空切手の発行目的に当たるモスクワから北極を経由してサンフランシスコを目指す無着陸飛行に挑戦します。機体の不具合で失敗はしましたが、米国で大きな歓迎を受けています。1937年8月には再び北極経由で米国を目指しましたが、悪天候に見舞われて行方不明となっています。

NEWGUINEA

英領ニューギニア「超高額の航空切手」

英領ニューギニアでは、1926年に奥地で金鉱が発見されました。海岸からの輸送手段として、当時としては定評のあったドイツ製ユンカース輸送機を利用した、定期航空郵便路が開設されました。重い鉱山機械などもこれで運ばれたため、1935年には額面5ポンドの超高額切手も出現しました。

英領ニューギニア(1935)

「ゴールド・ラッシュ」という言葉通り、ニューギニアの奥地へ殺到した人々の姿を想像させる切手です。戦前に発行された航空切手の中では、最高の額面となっていて、送られた小包の規模も偲ばれます。印面左部分には、昔のニューギニアに来た帆船も描かれていますが、右側には砂金を回収する作業も描かれ、この切手の発行事情が読み取れるようになっています。ユンカースの輸送機は、当時としては信頼性の高い輸送機として定評がありました。

FRANCE

フランス「紙幣航空切手」

　フランスは、1936年7月にパリ風景と飛行機を描く、最高額50フランの航空切手を発行しました。これは、偽造防止のための淡紅色の地紋も印刷され、その印象から「紙幣」の俗名で世界の切手収集家に知られています。耳紙には印面と同色の青色地紋もあり、2種の地紋を示す耳付き切手が歓迎されています。

フランス(1936)

　フランスの「紙幣」航空切手は、1936年7月10日に発行されました。紙幣を思わせる重厚なデザインは、パリを南側から眺めているところで、左から凱旋門、エッフェル塔、モンマントルの丘、ノートルダム司教座聖堂、ソルボンヌ大学本館などのおなじみのランドマークが配されています。また、中央の単葉機が持つ主翼の背面部に「POSTES」と記されているのも注目されます。建物のデフォルメはありますが、切手図案をルーペで鑑賞していく楽しみの多い1枚です。

USSR

ソビエト連邦「航空博覧会記念切手」

　1937年に、モスクワで開催された航空博覧会記念の航空切手7種セットです。当時、情報の少なかったソビエト連邦の新型飛行機について、極めてリアルで迫力のある図案を採用しています。最新のグラビア印刷を生かし、世界の切手収集家ばかりでなく、航空技術の専門家にも注目されました。

ソビエト連邦(1937)

　この頃、ソビエト連邦は自由主義国と文化交流が乏しかった時期になります。ただ、切手だけは魅力的なものが幾つも発行され、収集家から注目されていました。描かれた飛行機は、ギボンズ社の図鑑（Collect Aircraft on Stamps）によれば、10k：ヤコーレフ Ya-7 Air7、20k：ツポレフ ANT-9、30k：ツポレフ ANT-6、40k：O.S.G.A. 101飛行艇、50k：ツポレフ ANT-4TB-1、80k：ツポレフ ANT-20 マキシムゴルキー、1r：ツポレフ ANT-14 プラウダとなっています。

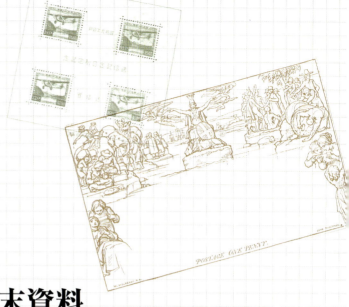

巻末資料
主な郵趣用語

第1〜5章で取り上げていない主な郵趣用語を掲載。

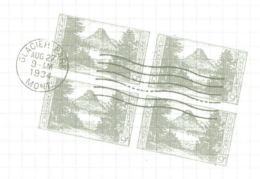

主な郵趣用語

【ア行】

アルバム：切手の整理帳。アルバム・リーフを用いたバインダー形式が一般的。

切手をリーフに整理し、アルバムに収めた一例。

アルバム・リーフ：バインダー形式のアルバムに使われるルーズリーフ。白紙のままのもの、方眼が印刷されたもの、図入りのものなどがある。

イッシュー：切手の発行を意味する。ニュー・イッシュー（new issue）といえば、新切手を指す。

印刷シート：郵便局の窓口で売るためのシート（窓口シート）の形に裁断する前の状態のシート。大判シート。

インパーフ：目打が入っていないこと。無目打。

印面：切手の図案や額面などが印刷されているスペース（面）のこと。

ウェル・センター：切手の印面が、四辺の目打に対して中央に正確に位置している状態。

裏写り：切手の裏面に図案の一部あるいは全部が写った状態のもの。印刷の操作の不手際（印刷機の空まわりなど）でできるものや、切手の印刷後、インキが乾ききらないうちに用紙を重ねたときにできるものなどがある。

エッセイ：切手用に提出された図案で、不採用あるいは未修正のもの。

エフ・エフ・シー（FFC）：First Flight Cover（初飛行カバー）の略称。新たに開設された航空路線の第1便に搭載された記念郵便物。

エフ・デー・シー（FDC）：First Day Cover（初日カバー）の略称。新切手を貼り、発行当日の日付印を押印したカバー。一般には切手に関連した図柄（カシェ）が入った横型の封筒を使う。

国立公園シリーズ「グレーシャー湖」（アメリカ・1934年）のFDC（初日カバー）。左側に切手に関連したカシェ。

エラー：誤作。製版、印刷、穿孔、裁断などの製造の各段階でまちがいを生じ、実際に郵便局の窓口で発売された切手。図案、刷色、用紙、目打、加刷などの各種のエラーがある。

エンタイア：切手を貼り、消印されて実際に郵便で送られ、配達された状態の郵便物。封筒やはがき、帯封などあらゆる形の実逓郵便物の総称。欧米では、一般にカバーという語が使われている。

凹版：基本的な印刷版式の1つ。印刷する図柄を原版に彫るため、印刷版では図柄が凹んでいるところから、この名がある。凹んだ部分にインキを塗りつけ、はみ出た余分のインキをふき取ってから、用紙に圧力をかけて印刷する。印刷物では図柄のインキが凸状に盛り上がっている。

オーダー・キャンセル：注文消。新切手を収集家が安く入手できるように、郵政当局があらかじめ消印を印刷して販売する切手。糊つき切手は糊つきのまま販売され、ほとんどの場合額面より安い。東欧諸国で広く行なわれてきた。

オフセット：基本的な印刷版式の1つで、油性インキが水をはじく性質を利用した方式。版面が凹版や凸版に比べて平たいので、平版とも呼ぶ。

オフ・センター：切手の印面が四辺の目打に対して上下または左右にずれていること。

オムニバス・イッシュー：同一テーマで、多くの国が、ほぼ同時期に発行する記念切手。

オン・ピース：消印がよくわかるように、余白をつけて封筒などから切り取った紙つき切手。

【カ行】

額面：切手の印面やステーショナリーの料額印面に表示されている、郵便料金として使える金額。

加刷：完成した切手の上に、あとから文字や額面などを印刷または押印（加捺）して発行すること。

旧切手の額面を黒塗りし、新たな額面を加刷した例（ドイツ・1923年）。

カシェ：①初日カバーなどの余白（多くは左側）に描かれたりする切手と関係のある絵や文字など。②仏語圏では、カバーの上に押された各種の証示印や記念スタンプ類を「カシェ」と呼んでいる。

カタログ・コレクション：カタログの記載にしたがって集めて、整理する国別収集の別の言い方。日本では、カタログのメイン・ナンバーの切手を1種1枚ずつ集める、初歩的な集め方の意味で使う場合もある。

加貼：郵便料金改正後、改正前のはがきなどに、新料金との差額分の切手を貼り足すこと。

ガッター：①隣り合う切手の印面と印面の間にある空白部分。ふつうは、そこに目打が施される。また②切手と切手のあいだに入れられた大きな余白部分もガッターといい、切手に関連した模様などが印刷される場合もある。

カラー・トライアル：切手の刷色を決めるため、いくつかの色で刷り、比較検討の材料とした不採用色によるプルーフ。

カラー・プルーフ：切手を印刷する前にその刷色を最終的に確認するための試し刷り。

完集：収集対象に選んだ切手やカバー類などを完全に収集すること。

官製模造：郵政当局が記念などのために、既発行の切手を模造したもの。日本では、贈呈用として1889年に刊行された「大日本帝国郵便切手沿革志」に貼るために作られた竜1銭、竜2銭が最初。

鑑定：切手の真偽などを判定し、結果を鑑定書にまとめること。これを行う鑑定家はその切手についての専門家で、資産があり、公式な機関によって認められなければならない。

気球郵便：気球を使って運んだ郵便。1870〜71年の普仏戦争でパリが包囲された際、外部との通信に約4ヵ月間利用されたものが知られている。

記号入り切手：官庁や会社で、切手の盗難や私用を防ぐために、郵政当局の認可を得て、団体の略号やマークを穿孔、エンボス、押印などで施した切手。使用者管理記号入り切手ともいう。

切手つき封筒：郵便切手に似た料額印面が印刷されている官製封筒。日本では、1873年の手彫封皮が最初のもの。

記念押印：郵便局の窓口や、あるいは郵頼により、切手やはがきに消印を押してもらい、郵便物としては差し出さずに返してもらうこと。

東宮ご婚儀切手（1923年）にパラオ局の特印を記念押印した絵はがき。同切手は関東大震災のため、不発行となったが、事前に旧南洋諸島に送られていた。

強制貼付切手：付加金つき切手の一種で、ある一定期間、郵便物を差出すときに必ず使用しなければならない切手。その期間は、通常の郵便料金の切手に加え、強制貼付切手を貼らないと、その分の不足料が徴収される。

偶発変種：切手の製造過程で、たまたま起きた原因による変種。たとえばゴミが印刷版に付着したなどによって印面上に変化が生じた切手。

櫛型目打：基本的な目打型式の1つ。目打機に目打釘が連続する「コ」の字状に植えられ、これがクシのように見えるため、この名がついた。

グラビア：凹版の一種。原版を作るとき、彫刻にはよらないで、写真化学的な方法で濃淡に応じた凹部を作る版式。写真凹版。製版のやり方でコンベンショナル・グラビア（伝統的な腐食方式）と、電子グラビア（自動彫刻方式）にわけられる。

美しいグラビア印刷で人気の高いスイスの「児童福祉切手」（1950年）。

消印：切手やはがきの印面に、日付印や抹消印を押すこと。また日付印や抹消印の総称。

原版：凹版あるいは凸版切手を作るとき最初に作られる、切手1枚分の原寸大の版。印刷用の版（実用版）は、この原版をくりかえし複製して、必要数だけ版を増やす。ダイ(die)。

コイル切手：主に自動販売機で販売するために製造される切手で、縦または横1列に切手が長くつながっており、数百枚から千枚以上の単位でコイル状に巻かれ、1巻にされている。日本のコイル切手は、目打が切手の上下にあり、左右は目打がない状態（無目打）になっているので、単片でも普通シートの切手と区別できる。

上辺と下辺に目打がない米国1908年シリーズ1cコイル切手。

小型シート：主に記念のために1枚あるいは数枚の切手を収め、余白の部分に記念の文字や飾り模様を入れた、サイズの小さなシートの総称。日本最初の小型シートは、1934年に発行された「逓信記念日制定記念（制定シート）」になる。

▲世界最初の小型シート「エリザベト大公女誕生記念」（ルクセンブルク・1923年）。

▼日本最初の小型シート「逓信記念日制定記念」（1934年）。

コーナー：切手シートの角、四隅。

コンディション：切手やカバーなどの状態。切手のキズ、よごれ、刷色の新鮮さ、マージン、センター、裏糊、消印など、いろいろな観点から評価し、欠点がないかをみる。

コンビネーション・カバー：実際に郵送する必要条件から、2ヵ国またはそれ以上の切手発行国の

切手が貼られているカバー。

【サ行】

サーフェイス・メイル：平面路便。空を飛ぶ航空便に対して、船、自動車、鉄道など地球表面上で運ばれる郵便。一般に国際郵便で使われる用語。

暫定切手：天災や政変、戦争による占領といった非常時や通貨単位の変更などで、既存の切手が不足したり、使えなくなってきたときに、応急的に加刷などの手段で発行された切手。臨時切手。

関東大震災による切手の供給不足を防ぐため、民間の印刷所で応急的に製造された「震災切手」(1923年)。

ザンメル凹版：1版多色刷凹版。ふつうの凹版印刷では2色以上の印刷の際、色の数だけ印刷版が使用されるが、ザンメル凹版では1つの印刷版に複数のインキをつけて、1回で多色印刷を行なう。

ザンメル凹版3色刷りで印刷された「マニラ大聖堂」(フィリピン・1958年)。日本の大蔵省印刷局が製造した。

シェード：色調。同一の切手が何回も印刷を重ねたときに起る、基本的な刷色に対して見られる同系色での色合いの違い。

シークレット・マーク：秘符。切手図案の一部に、目立たないように入れられた文字や記号。主に切手の偽造防止を目的として、真偽を区別する目印としたもの。版の区別やデザイナーのサイン、発行年の明示などで入れられることもある。

「ベルリン大空輸作戦50年」(米国・1998年)。「USPS(アメリカ郵政)」の文字。

シザーズ・カット：目打入りの切手を切り離すのに、ハサミやカッターを使って切断した切手。

実逓：実際に郵便物を逓送すること。

実用版：切手の原版をたくさん並べて作った印刷用の版。実用版である程度印刷すると版が磨減してしまうため、1枚の実用版では印刷数量が限られるため、多くの数の切手を印刷する際には数枚から数十枚の実用版が使われる。

ジョイント・イッシュー：2ヵ国以上が、共通のテーマで切手を発行すること。

スコット・カタログ：アメリカの郵趣企業スコット社が発行している、数巻から構成される大判の世界切手カタログ。世界一の発行部数を誇り、幅広く利用されている。

スタンプレス・カバー：切手がなかった時代に郵便で送られた、切手が貼ってない郵便物。

ステーショナリー：官製の封筒、はがき、帯紙などの総称。正確には「postal stationery(郵便ステーショナリー)」と呼ばれる。

ストリップ：縦または横方向に3枚以上つながった切手。

ストレート・エッジ：目打入りのシートや切手帳ペーンなどから切り離した切手のうち、いくつかの辺が無目打になっているもの。

スーベニア・カード：切手の印面などを厚手の大きな台紙に複製し、記念文字などを余白に刷りこんだもの。記念カード、贈呈カード。

ゼネラル収集：全世界の切手を対象に収集すること。ゼネラル・コレクション。

穿孔切手：記号入り切手の一方式で、使用者名(主に会社名)の頭文字、屋号などの記号を穿孔して示した切手。

センター：切手印面とマージンとの相対的な位置関係で、切手のコンディションをはかるときに使われる。目打入り切手は、切手の中央に印面のあるものが状態が良いとされる。

【夕行】

タトウ：切手や小型シートなどを入れるための折り目をつけた厚手の用紙で、表紙には切手図案にちなんだ絵や記念事項の説明などが書かれている。

▲「WIPA国際切手展」(オーストリア・1933年)。
▼下のようなタトウに入れられて発売された。

タブ：切手と同じ体裁で、シートまたはペーン内に、図案や文字などが刷り込またラベル。日本では、1948年発行の「競馬法公布25年」に付けられたものが最初となる。またタブつきはイスラエルが有名で、幅の広い耳紙に印刷されているものもタブと呼んでいる。

ゼネラルモーター社の広告が印刷されたタブが付いたデンマークの普通切手(1928年)。

単線目打：基本的な目打形式の1つ。一直線に目打針を植えた目打。シートの縦列と横列を、それぞれ別々に目打するため、効率が悪く、日本では一部の切手を除き、1919年ごろまでには使われなくなった。

彫刻凹版：グラビアを写真凹版と呼ぶとき、それ

に対し、原版を彫刻で作る従来の凹版のこと。
通信日付印：郵便に使われる日付印。切手やはがきの料額印面の抹消、郵便局名の表示、引受け日時の表示などで郵便物に押される。
定常変種：1つの版にずっと存在したとみなせる変種。版の特定位置にキズなどの欠点（版欠点）があるとき、その版を使って印刷したすべてのシートの同じ位置に欠点があらわれる。
適応使用例：普通切手の当初の発行目的とは異なる用途の料金を、主に1枚貼りで満たした郵便物。たとえば、封書用に15円切手が発行され、その後の郵便料金改正ではがきが15円になったときに、私製はがきにその15円切手を貼ったものなど。
適正使用例：普通切手で、その切手の発行目的にそって、主に1枚貼りで料金を満たした郵便物。たとえば、封書用に発行された50円切手を1枚貼った定形郵便物など。

国内の航空速達書状に貼られた米国大統領シリーズ16ｃ切手。同切手の適正使用例。

鉄道郵便：鉄道を利用して郵便物を輸送すること。郵袋を列車にのせて運ぶだけの場合（護送便、締切便）と、列車に局員が乗務して、郵便物の消印や区分けを行う場合（取扱便）がある。
デッド・カントリー：領土の併合などにより、切手発行を止めた国あるいは地域。

デット・カントリーの一例。トレンガヌ（左）と、のモルビ（右）の切手。

凸版：基本的な印刷版式の1つ。印刷は凸部にだけインキがつけられて行なわれる。活字や木版などはいずれも凸版の一種。

【ナ行】
二重印刷：意図的でなく、印刷の途中でダブって印刷されたもの。または刷色を変えるために、一度作った切手に別の刷色で刷ること。
糊落ち：裏糊を洗い落した未使用切手。裏糊のある未使用より評価が低い。

【ハ行】
バイセクト：半切切手。ある額面の切手が不足した際、その倍額面の切手を半分に切って、もとの切手の半分の額面として販売し、使用させた切手で、カバーかオン・ピースでないと証明できない。
パクボー：公海上にある外国航路の船内で投函さ

れた郵便物を、最初の寄港地にあることを証明するために押される「paquebot」の表示印をパクボー印といい、最初の寄港地の受入局で押される。船内は船籍国の領土とみなせるので、郵便物には船の所有国の切手が使われる。
バックスタンプ：カバーの裏面に押されている中継印や到着印などの郵便印。または切手の裏面に専門家などが、鑑定結果を示す目的で押した印。
版欠点：実用版上のキズ。印刷するとシートの一定の位置に現れる。
万国郵便連合：世界中へ手紙を自由・手軽に送達することを目的に、1874年の設立された国際機関。1947年に国際連合の専門機関となり、日本は1877年に加盟した。事務局はスイスのベルンにあり、4年に1度、万国郵便大会議が開かれる。UPUの略称は「Union Postale Universelle（仏）」、「Universal Postal Union（英）」の頭文字。

日本の万国郵便連合加盟50年を記念して発行された切手（1927年）。

版式：印刷方式の種類。凸版、凹版、オフセット、グラビアなど。
引受消印：切手を貼った封筒やはがきに消印を押して、郵便物として実際に差出すこと。主に記念押印に対する対比として使われる。
日付印：年月日の日付が入った消印の総称。一般的には郵便に使われる通信の日付印をさすが、広い意味では、郵便以外の為替、貯金、電信などで使われる非郵便印の日付入り印も含まれる。
非郵便印：郵便以外の業務で使われる消印の総称。為替、貯金、電信、電話などの料金の支払いに切手が使われていた際などに、切手上にこれらの消印が見られる。
ヒンジ：郵趣用品の1つ。切手をアルバム・リーフなどに貼るときに用いられる、糊引きした小さな紙片で、ちょうつがいの働きをする。
ファンシー・キャンセレーション：具体的な図案などをかたどった、無声印（抹消専用印）。馬形、ミツバチ形、ツリー形などの多種の例がある。
フィラテリー：切手を収集する趣味。切手の収集や研究。ギリシャ語philos（愛、好む）とateleia（税の免除）の合成。
フィラテリック・カバー：郵趣的に作られたカバー。コレクションに入れるために、適正使用例や適用使用例をみずから作って差出したカバーなど。
複合目打：縦と横の目打が、それぞれ目打数の異

◆巻末資料　主な郵趣用語

なる目打機で行なわれた目打。
フリーク：製造過程でのトラブルのため生じた不良品。やれ。
プルーフ：試刷。切手の原版や実用版の出来具合を確かめるための試し刷り。普通は黒1色で刷られる。原版によるものをダイ・プルーフ、実用版によるものをプレート・プルーフという。
ブロック：縦、横、両方にそれぞれ2枚以上つながった切手のかたまり。

ラトビアの一番切手の8枚ブロック（1918年）。この切手は廃棄されたドイツ軍の軍用地図の裏面に印刷された。

ペア：縦または横に2枚つながった切手。3枚以上はストリップ。
平版：基本的な印刷版式の1つ。版の表面に高低差がなく、版にインキのつく部分とつかない部分をつくって印刷する。リソグラフ。
ヘゲ：用紙の一部がむしられて薄くなったキズもののの切手。
ペーン：切手帳から表紙を除いた切手部分。アメリカでは、窓口シートをペーンと呼ぶ。
変種：用紙、目打、印刷の状態などに変化がある切手。製造中に生じた変化であり、製造後に人為的に加えられた変化は変種と呼ばない。変種には、製造中のミスによって生じたシート全体の目打もれや1色抜けなどの大きな変種と、印刷版面上のゴミ、キズなどが原因でできた微細な変化やわずかな印刷ズレ、刷色変化などの小さな変種がある。

「全国生産年」（英国・1962年）。右が薄い青色の印刷もれのため、女王の肖像などが抜けてしまったもの。

ポジション：シート上の切手の位置。番号で表す。シート左上隅の切手を1番切手とし、右にいくほど、ついで下にいくほど番号が増える。100面シートでは、右下隅が100番切手になる。

【マ行】
マウント：切手の大きさに合せて作られた、裏側に糊をひいた特別な透明フィルムのポケット。これに切手を収納し、アルバム・リーフに貼る。
マキシマム・カード：切手と同じか、またはできる限り似た図案の絵はがきの、絵のある側に切手を貼り、切手に関する記念印を押印したもの。
マージン：切手印面周囲の余白。シートの耳紙。
マテリアル：切手コレクションを構成するために

必要な切手をはじめとする、さまざまな郵趣品（ステーショナリー、カバーなど）のことをまとめてこのように呼ぶ。
マルチプル：切手が2枚以上つながったもので、シートより1枚少ないかたまりの総称。ペア、ストリップ、田型から、100面シートの切手では99枚ブロックまで含まれる。
マルレディ・カバー：世界最初の切手ペニー・ブラックと同時に、1840年に英国で発売された世界最初の官製ステーショナリー。封筒タイプのものと、折りたたんで封筒状にするレターシート・タイプのものとがある。これをデザインしたウィリアム・マルレディの名から、「マルレディ・カバー」と呼ばれる。

1840年に英国で発行された世界最初の官製ステーショナリー「マルレディ・カバー」。重量別に1ペニーと2ペンスの2種類がある。

耳紙：シートのまわりについている余白。
ミント：未使用切手。一般にヒンジが使われていない、郵便局から売り出されたときの状態の未使用切手を指す。

【ヤ行】
郵便印：郵便に使われる日付印や抹消印、証示印の総称。ポスタルマーキング（postal marking）。

【ラ行】
リガム：裏のりを補修するために、またはミントに見せかけるために、のりが再び塗られた切手。
リコンストラクション：シートの復元。切手の特徴を調べ、それを手がかりにして、特定の版で印刷された各切手のシート上のポジション割り出し、窓口シートの復元をするもので、主に使用済切手で行なわれる。プレーティング。
リタッチ：版面修正。凹版の画像の一部が薄くなったり、または版に欠点ができたときなどに、この部分を実用版で補刻、再刻したりして修正する。
リプリント：切手が通用停止になったあと、元の切手と同じ版を使って印刷した複製。通常、贈呈用や、収集家への販売などのために製造される。
輪転版：高速印刷のために、円筒形に作られた実用版。特にゲーベル輪転印刷機で印刷するために作られた実用版を指していうことが多い。

【ワ行】
枠線：主に凸版印刷の実用版が摩滅するのを防ぐため、印刷版のシート四周にとりつけられた枠が耳紙の上に印刷されたもの。

著者プロフィール
魚木五夫（うおき・いつお）

1930年、京都市生まれ。現在、東京・町田市在住。大阪大学理学部および同大学工学部卒。（株）オリンパス、（株）マツダを経て、広島修道大学教授、大阪大学工学部講師（非常勤）、東京大学工学部講師（非常勤）などを歴任。産業能率大学名誉教授。学士会会員。著書に『正しい切手の集め方』、『アメリカ切手とその集め方』、『関東大震災〜郵便と資料が物語る100年前の大災害』（いずれも日本郵趣出版）など。（公財）日本郵趣協会名誉会員。

共著者
板橋祐己（いたばし・ゆうき）

1978年、東京千代田区生まれ。2001年、東京外国語大学ドイツ語専攻卒業。著書に『ビジュアル世界切手国名事典』全3巻（日本郵趣出版）など。情報サイト「レトロ郵便局」を主催。郵便研究会監事。

2025年2月10日 初版第1刷発行

著　者	魚木五夫 板橋祐己
発　行	切手の博物館（一般財団法人 水原フィラテリー財団） 〒171-0031 東京都豊島区目白1-4-23 電話 03-5951-3331　FAX 03-5951-3332 E-mail：info@kitte-museum.jp　https://kitte-museum.jp
発売元	株式会社 郵趣サービス社 〒168-8081（専用郵便番号）東京都杉並区上高井戸3-1-9 電話 03-3304-0111（代表）　FAX 03-3304-1770 【オンライン通販サイト】http://www.stamaga.net/ 【外国切手専門ONLINE SHOP】https://stampmarket.biz/
制　作	株式会社 日本郵趣出版
編　集	三森正弘
ブックデザイン	三浦久美子
印刷・製本	シナノ印刷株式会社

令和6年12月27日　郵模第3115号　Ⓒ Itsuwo Uwoki 2025

＊乱丁・落丁本が万一ございましたら、発売元宛にお送りください。送料は発売元負担でお取り替えいたします。＊無断転載・複製・複写・インターネット上への掲載（SNS・ネットオークション含む）は、著作権法および発行元の権利の侵害となります。あらかじめ発行元までご連絡ください。

ISBN978-4-88963-886-8 C1676

切手の博物館の本

〈特記外共通〉B5判変型・並製／オールカラー

※荷造送料各420円
（消費税10%が含まれています。）

びっくり切手大集合！
変わり種切手大図鑑

ユニークな形の切手や特殊な材質の切手、切手に見えない切手まで！

商品番号 8067
定価1,650円（本体1,500円+税10%）

■荒牧裕一・著
■2024年7月20日発行／120ページ

絵葉書と切手で知る
クリスマスの世界

多種多様なマテリアルを通して語られるクリスマスの知られざるエピソード！

商品番号 8066
定価1,650円（本体1,500円+税10%）

■木村正裕・著
■2023年11月20日発行／112ページ

続・切手もの知りBOOK
―もっと収集を楽しむ40話―

ビジュアルしっかり、情報ぎっしり！知りたかった切手のあんなこと、こんなこと、よくわかります！

商品番号 8065
定価1,320円（本体1,200円+税10%）

■田辺龍太・著
■2023年5月25日発行／88ページ

ワイド版 最新世界切手地図

見やすいワイドな誌面で21年ぶりの刊行！新たな記事や多くの資料を加えて編集！

商品番号 8064
定価1,980円（本体1,800円+税10%）

■2022年11月20日発行／B5判／96ページ

切手から生まれた ぽすくま
10th ANNIVERSARY BOOK

日本郵便のキャラクター・ぽすくまの10年間がまるごと詰まった1冊！

商品番号 8063
定価1,320円（本体1,200円+税10%）

■監修・日本郵便株式会社
■2022年9月10日発行／96ページ

絵はがきから鉄道切符まで
紙モノ・コレクション大百科

絵はがき、花札、マッチラベル、メンコ、ぽち袋、箸袋、鉄道切符まで、"紙様"満載の一冊！

商品番号 8062
定価1,650円（本体1,500円+税10%）

■三遊亭あほまろ・著
■2020年11月15日発行／112ページ

歌い踊る切手
古典芸能トリビアBook

歌舞伎がわかる！能、浄瑠璃、雅楽がわかる！身近な切手を通して、今日からあなたも芸能通！

商品番号 8189
定価1,650円（本体1,500円+税10%）

■中村雅之・著
■2019年10月25日発行／96ページ

平成・普通切手総図鑑

平成を彩った普通切手の全ドキュメント！その歩みを多様な分野・トピックから追う！

商品番号 8188
定価1,540円（本体1,400円+税10%）

■濱谷彰彦・監修
■2019年5月20日発行／136ページ

ネットでのご注文は

オンライン通販サイト **スタマガネット**
スタマガネット　切手や郵趣用品が10,000点以上！

外国切手専門 ONLINE SHOP **スタンプマーケット**
スタンプマーケット　クレジット・カードOK！

電話・FAXでのご注文は　〒168-8081（当社専用の番号）　郵趣サービス社　FAX 03-3304-5318・TEL 03-3304-0111／03-3304-0112　10〜12時／13〜15時　日・月・祝定休